Der Uebergang aus gewöhnlichen Dreifelderwirtschaften in eine nach Thaerschen Grundsätzen geordnete Fruchtwechselwirtschaft

von

A. von Essen

Berlin
in der Realschul=Buchhandlung
1809

„Die Erde ist allein die Quelle des Wohlstandes; ihr Bau „das erste Werkzeug des Reichthums. Ihren Ertrag „erhöhen, ist der erste Grundsatz der Staatswirthschaft."

Bei dem Enthusiasmus, mit dem ich seit vielen Jahren die Fortschritte der Ackerkultur verfolgte, mußte ein System mich fesseln, bei dem ein schöpferisches Genie, die Landwirthschaftslehre zur klassischen Wissenschaft zu erheben versprach. Den Namen Thaer kennen die ackerbauenden Zeitgenossen bewundernd, und die Nachkommen werden ihn dankbar segnen. — — Der Wunsch an der Quelle zu schöpfen, führte auch mich nach Mögelin. Ich habe gehört und gesehen, und die Ueberzeugung der Wahrheit, wirkt jetzt in mir den Wunsch, soviel ich vermag, zu der Verbreitung, wenigstens einzelner wichtiger Sätze eines Systems beizutragen, das in der Geschichte des Ackerbaues eine neue Epoche gründet.

Schon haben viele Besitzer großer Güter, in nahen und fernen Provinzen und Ländern, nach diesen Prinzipien wichtige Veränderungen in der

Art ihrer Bewirthschaftungen vorgenommen, und mehrere verdanken bereits ihren Wohlstand und Ueberfluß, einzig diesen Grundsätzen. Aber dennoch ist dies nur noch der allerkleinste Theil, und bei weitem der größeste schmachtet in einer kraftlosen Dreifelderkultur, deren Besitzer entweder die Vortheile der bessern nicht kennen, oder die Schwierigkeiten scheuen, sich zur größern Vollkommenheit zu erheben.

Bekannt mit den Vortheilen, die sicher und ohne Verlust einen solchen Uebergang in wenigen Jahren gestatten, theile ich diese in einem Beispiel hier meinen Zeitgenossen mit, und wünsche das einleuchtend darzustellen, was als Zuhörer des Herrn Staatsraths Thaer, sich überzeugend als Wahrheit in meiner Seele bildete. Zwar wird Er, der Meister, in seinem jetzt erwarteten Werk „über den rationellen Ackerbau" vielleicht selbst über diesen Gegenstand ausführlich handeln. Aber, wenn dies auch wäre, und das größere Süjet ihn nicht bloß zu einer allgemeinen Berührung bestimmt: so wird Er doch hoffentlich des Zweckes wegen, die frühere Aeußerung von Ideen nicht übeldeuten, die ihren Schöpfer in ihm nie verleugnen werden.

Vielfältige Erfahrungen überzeugen uns, daß bei hundert Dreifelderwirthschaften es neun und neunzigen an Hülfsmitteln zur Verbesserung fehlt, welche auch selten durch die alleinige Beihülfe der nicht immer freigebigen Natur erlangt werden dürften. — Wir sind durch den Herrn Staatsrath Thaer belehrt: daß eine mit Brachfruchtbau vereinte, und mannigfaltig zu modificirende Fruchtwechselwirthschaft, theils mit, theils ohne Stallfütterung, das sicherste Mittel ist, dessen wir uns zur Verbesserung solcher hülfsbedürftigen Wirthschaften bedienen können. Aber man würde durchaus irren, wenn man glaubte, derselbe wolle dieses als ein einziges Wirthschaftssystem für alle Länder, für alle Bodenarten und für alle Lokalverhältnisse angewendet wissen, oder er gestatte es, irgend einen Wirthschaftsplan oder eine Fruchtrotation zuvor zu projektiren, um solche nachher dem Erdboden anzupassen. Er empfiehlt vielmehr, zuerst die Eigenschaften des Bodens genau kennen zu lernen; alle Lokalverhältnisse sorgfältig zu beurtheilen, nach deren Beschaffenheit allein, den allgemeinen Wirthschaftsplan zu bilden, darnach die Rotation der zu erbauenden Früchte zu bestimmen, und unter Erwägung aller Hindernisse, und veranstalteter Wegräumung derselben, zuletzt zur Ausführung zu schreiten. Er will die so sehr verschiedene Erdfläche nur als verschiedenes Material angesehen wissen, das der Landmann als Gewerbsmann mit allumfassender Sachkenntniß, durch ganz verschiedene Behandlungsweisen, zu mancherlei Zwecken bearbeitet, um dadurch den höchsten und nachhaltigsten Gewinn aus jeder kulturfähigen Bodenart zu erhalten. Kurz, jeder Unterschied des Bodens, und das in Rücksicht des Landwerths, der vorhandenen oder nicht vorhandenen natürlichen Hülfsmittel, der Bevölkerung, der Arbeits- und Produktenpreise, und des anzuwendenden Betriebskapitals so sehr verschiedene Lokal, erfordert, nach dem Thaerschen System, auch jedesmal eine andere Feldeintheilung, eine andere Art von Kultur, oder Ackersystem, und eine andere Behandlungsweise. Um das einzig passende und zweckmäßigste Kultursystem ausfinden zu können, macht er seine Zuhörer mit allen Wirthschaftsarten, vorzüglich mit den Dreifelderwirthschaften, Koppelwirthschaften, und den mannigfaltigen Wechselwirthschaften genau bekannt; lehret durch Wort und That, sie nach rationellen Grundsätzen prüfen, ihre Vortheile und Nachtheile, ihre Beschwerlichkeiten und Hindernisse erwägen; und zeigt ihnen, wie jene Wirthschaftsarten nach Verschiedenheit der Umstände, entweder einzeln oder theilweise zusammengeschmolzen, vervollkommnet zur Erreichung des höchsten reinen Gewinns, in jedem örtlichen Verhältnisse praktisch anzuwenden sind.

Daß es auf keine Weise mit dem Thaerschen landwirthschaftlichen System harmonirt, für jedes Lokal nur eine einzige allgemein passensollende Wirthschaftsart anzuwenden, wird offen darliegen, wenn die **Grundsätze des rationellen Ackerbaues** im Druck erschienen sind. Dieses Werk, einzig in seiner Art, bis jetzt von keiner Nation aufzuzeigen, worin alles durch Erfahrungsgründe unterstützt zu einem vollkommenen Ganzen geordnet ist, und den Theoretiker, den praktischen Landwirth, wie den Staatswirth höchst befriedigen muß, enthält in kurzen, aber bestimmten und klaren Sätzen den ganzen Umfang der auf Erfahrung gegründeten Landwirthschaftslehre, welche darin vollkommen wissenschaftlich behandelt, vorgetragen ist. — Als Beleg, daß nicht ein und dasselbe Wirthschaftssystem für jedes landwirthschaftliche

Lokal anwendbar ist, bin ich so frei, einige Paragraphen aus diesem Werke, die der Verfasser seinen Zuhörern als Diktate zu seinen Vorlesungen mittheilet, hier anzuführen.

§.

„Dieses Verhältniß des Arbeitspreises, gegen „den Preis des Grund und Bodens, trägt zur Begründung der verschiedenen Ackersysteme vieles „bei. Man kann diese in ihren Extremen, die „extensiven und die intensiven nennen. Wo nämlich der Boden wohlfeil, die Arbeit aber theuer „ist, da wird man eine gewisse Masse von Produkten auf einer großen Fläche, aber mit möglichst geringer Arbeit hervor zu bringen suchen „müssen; — wo dagegen der Preis des Bodens „hoch ist, Arbeit aber in genugsamer Menge und „zu billigen Preisen sich darbietet, da wird man „auf einer kleineren Ackerfläche denselben Werth „von Produkten, durch verstärkte Anwendung der „Arbeit, zu erzielen suchen."

§.

„Wenn gleich die Extreme von sehr wohlfeilem „Acker und sehr theurer Arbeit, und umgekehrt, „in Deutschland selten oder gar nicht vorkommen; „so sind doch mannigfaltige Gradationen dieses

„Verhältnisses in verschiedenen Provinzen und „Distrikten vorhanden, die man bei der Einrich„tung einer Wirthschaft wohl zu erwägen hat, um „sich darnach für ein mehr oder minder intensives „oder extensives Wirthschaftssystem zu bestimmen. „Dort wird die Koppelwirthschaft mit langer „Ruhe des Ackers und Weidedünger Arbeit erspa„ren; hier wird jährlicher Fruchtwechsel mit Fut„terbau und Stallfütterung die Arbeit vortheil„haft vermehren, und, der höheren Kosten unge„achtet, den reinen Ertrag beträchtlich ver„größern."

§.

„Dieses gerechte Verhältniß zwischen Qualität „und Quantität des Grund und Bodens, Arbeit „und Düngung, begründet das Feldsystem. Wo „man Arbeit und Dünger zu jeder Zeit, so viel „man gebraucht, von auswärts her vortheilhaft „haben kann, da bedarf es gar keines bestimmten „Ackersystems, und die ganze Kraft des Acker„baues beschränkt sich auf die Manipulation, und „auf die Auswahl der Früchte, welche der Acker „in dem Zustande, worin er eben ist, am vortheil„haftesten tragen kann. Man hat seine Erschö„pfung und seine Verwilderung wenig zu fürch„ten, weil man jener durch stärkere Düngung, die-

„ser durch angestrengtere Arbeit zuvor kommen „kann. In Wirthschaften, welche diese Vortheile „haben, ist selbst die Verbindung der beiden „Hauptzweige der Landwirthschaft, des Acker„baues und der Viehzucht nicht nothwendig, son„dern es kann jede für sich, und selbst vortheilhaf„ter getrennt, betrieben werden. Dies gehört aber „unter die seltenen Fälle, und findet nur in der „Nachbarschaft großer Städte, oder in höchst be„völkerten Gegenden statt."

Es lassen sich also, nach den Grundsätzen des Staatsraths Thaer, sogar Dreifelderwirthschaften denken, deren Brache oder ganzer dritter Theil der Ackerfläche mit behackten und andern Brachfrüchten oder Handelsgewächsen bebauet wird, und deren Besitzer ihrem zu bebauenden Brachboden jährlich so viel Dünger zu verschaffen wissen, als das darauf folgende Getreide in den beiden übrigen Feldern nur irgend zu seiner Consumtion bedarf. Dort, wo dem Boden ein außerordentlicher Grad von Fruchtbarkeit geschenkt ist, oder wo man vielleicht eine große Menge vortrefflicher Wiesen, und sonst nicht zu benutzender Weiden, oder andere wohlfeile Quellen besitzt, die der Wirthschaft hinlänglichen Dünger liefern; — in diesen Dreifelderwirthschaften, beim richtigen Betriebe der einzelnen Theile, wird wohl aus dem Gesichtspunkt rationeller landwirthschaftlicher Grundsätze wenig zu tadeln und nicht viel zu verbessern seyn.

Da indeß Dreifelderwirthschaften solcher Art und mit diesen glücklichen Verhältnissen selten zu finden sind, — das Dreifeldersystem aber unter allen Wirthschaftsarten das leider durchaus herrschende und gerade dasjenige ist, welches von der ganzen inne habenden Landfläche, ohne extraordinäre Zuflüsse, in der Regel den allermindesten reinen Gewinn bringt; — da die Dreifelderwirthschaften ohne einen hohen Ueberfluß an Wiesen und Weiden, die wenigsten innern Hülfsmittel besitzen, um ihren Grund und Boden durch sich selbst zu dem höchsten Ertrage zu zwingen; — da ferner ein vollkommener Brachfrucht- und Futtergewächsbau, nebst einer zweckmäßigen Fruchtrotation, die den Körnertrag an sich schon vermehrt, in einer Dreifelderwirthschaft unmöglich ist; — solche aber die unfehlbarsten Mittel sind, eine hülfsbedürftige Wirthschaft durch sich selbst zu heben, so scheinen mir für jeden Dreifelderwirth, dem es an natürlichen und außerordentlichen Quellen zur Verbesserung seiner Wirthschaft fehlt, die Fragen wichtig: Was für eine andere, nach zweckmäßigen Regeln geordnete Wirthschaftsart, hat man statt der Dreifelderwirthschaft einzuführen? Und wie hat man es anzufangen, um aus einer solchen Dreifelderwirthschaft, ohne großen Verlust und Aufwand in diese verbesserte Wirthschaft überzugehen?

Man wird aus dem bereits Gesagten sich erinnern, daß nur der Beschaffenheit des Bodens und den örtlichen Verhältnissen gemäß, für jedes Gut ein eigner Bewirthschaftungsplan entworfen werden müsse, und daß es den rationellen landwirthschaftlichen Prinzipien durchaus widerspricht, einen willkührlich abgefaßten Plan auf jede umzuändernde Wirthschaft anzuwenden. Es ist sonach auch unmöglich, hier den Uebergang aus jeder Dreifelderwirthschaft in die bessere durch ein allgemein passendes Schema anzugeben. Vielleicht erlangt aber mancher praktische Landwirth über diesen Gegenstand schon einige nähere Aufschlüsse, wenn er durch ein aufgestelltes ähnliches Beispiel das nöthige Verfahren speziell erörtert, und so geleitet, seinen Verstand von der Möglichkeit und leichten Ausführbarkeit Schritt vor Schritt auf das vollkommenste überzeugt sieht.

Ich liefere hier also eine Beschreibung über die Umwandlung einer Dreifelderwirthschaft in eine nach zweckmäßigen Regeln geordnete Fruchtwechselwirthschaft, der zugleich eine vergleichende Berechnung vom Ertrage der alten Wirthschaft und der neuen Fruchtwechselwirthschaft beigefügt ist:

Die Hauptresultate, welche durch diesen Uebergang bezweckt werden, sind:

a) Den Boden in den vollkommensten Düngungszustand, durch eigne innere Hülfsmittel zu versetzen.

b) Den höchstmöglichen Getreideertrag von dem angenommenen Boden zu erzwingen.

c) Die höchstmögliche Viehnutzung zu erreichen.

Voraussetzungen.

Es wird angenommen:

1) daß das Ackerland der Dreifelderwirthschaft, welche in eine bessere Wirthschaft übergehen soll, aus sogenanntem Mittelboden bestehe.

2) In dieser umzuändernden Dreifelderwirthschaft war bisher völlig reine Brache gehalten.

3) Die Aecker der Dreifelderwirthschaft liegen nicht in kleinen Stückchen, unter fremden Ländereien zerstreuet, und kein Anderer hat hier Weideberechtigungen, oder gar Zehenten u. dergl.

Anmerkung. Diese Voraussetzung erleidet in Deutschland sehr viele Ausnahmen. Es giebt unstreitig nicht wenig Landbesitzer, welche die Thaerschen Grundsätze des rationellen Ackerbaues mit der größten Bereitwilligkeit praktisch ausführen würden, wenn die Landgemeinschaften gehoben, und sie in den unbeschränkten Besitz ihrer Ländereien gesetzt werden könnten. Aber es überschreitet die Kräfte des Privatmannes, hierin sich selbst Hülfe zu verschaffen, oder die Ländereien von dem Druck der Gemeinheit zu befreien. Es ist jetzt allein Sache der Regierungen, den durch die Schriften des Staatsraths Thaer, und neuerlich durch die Drangsale des Krieges erweckten Geist zu landwirthschaftlichen Verbesserungen von den Fesseln zu befreien, die jede Erhebung des Feldbaues schon physisch unmöglich machen, die es verhindern, die ersten Bedürfnisse des Lebens, und den Wohlstand des Landmanns auf dem natürlichsten Wege zu vermehren, und den Ertrag des Grundes und Bodens ganzer Provinzen zu verdoppeln.

4) Es wird ferner vorausgesetzt, daß in dieser Dreifelderwirthschaft die erforderliche Viehweide vorhanden sey, und die Brache, höchstkalte und höchsttrockene Sommer ausgenommen, in der Regel nicht beweidet werden darf.

5) Der in dieser angenommenen Dreifelderwirthschaft gewonnene Dünger war hinreichend, nur den dritten Theil des Brachlandes, d. i. den neunten Theil der Ackerfläche, jährlich zu bedüngen.

6) Es sind hinlänglich Menschen vorhanden, um die durch eine höhere Kultur vermehrten Feldarbeiten und die größeren Ernten vollkommen bestreiten zu können.

Fundamente des Fruchtwechsels, und der möglichen Verbesserung des Bodens überhaupt.

Schon in ganz alten Zeiten war man durch Erfahrung überzeugt, daß der Erdboden mehr hervorbringe, wenn man mit den Gewächsen wechselt; und daß dagegen der Acker Ruhe nöthig habe, wenn mehrmalen einerlei Früchte auf demselben erbauet sind. — Virgil schon sagte:

„Laß auch die abgeernteten Aecker ein Jahr um „das andere feiern, und das entkräftete „Feld durch Ruhe sich stärken. Oder auch, „säe, unter einer andern Sonne, daselbst „gelbes Korn, wo du vorher üppige Hülsen„früchte mit klappernden Schoten, oder die „zarten Früchte der Wicke, oder die zerbrech„lichen Stengel und den rauschenden Wald „der bittern Wolfsbohne weggeschafft hast."

Wir sehen, daß die Römer bereits Fruchtwechselwirthe waren, und daß sie, statt der Ruhe oder der Brache, durch wechselnde Halm- und Schotenfrüchte die Fruchtbarkeit der Aecker zu erhalten wußten.

Auch

Auch uns lehret noch die tägliche Erfahrung, daß eine und dieselbe Fruchtart mehrmalen hinter einander auf demselben Boden hervorgebracht, nicht wohl gedeihe; und daß es Gewächse giebt, die gut gerathen, wenn man sie nach dieser, und schlecht gerathen, wenn man sie nach jener Frucht erbauet.

Es frägt sich nur, welche Früchte man bauen soll, damit die eine Frucht eine gute Vorbereitung für die andere werde? —

Man hat versucht, diese Frage theoretisch zu beantworten, und viele hegen die Meinung, daß jede Pflanze nur ihre eigne Nahrung aus dem Boden nehme; daß die Giftpflanze, wie das edelste Gewächs, auf einem und demselben Erdstück gedeihen, und keins dem andern die ihm allein eigenthümliche Nahrung entziehe. — Die Beobachtungen des praktischen Landwirths scheinen diese Meinung zu bestätigen: Hülsenfrüchte, oder Weizen, die auf einem ihnen nicht angemessenen Boden selten wachsen, oder doch mißrathen, gedeihen noch im Gemenge oft vortrefflich.

Da die Theorien uns über diese Frage nicht hinlänglich zufrieden stellen, so bleibt uns nichts übrig, als alle hierüber gemachten unzweideutigen Erfahrungen zu sammeln, und aus diesen uns einen sichern Leitfaden für die bessere Kultur unserer Felder zu abstrahiren.

Wir finden es z. B. allgemein bestätiget, daß alle den Boden bebrütende, oder dessen Oberfläche dicht beschattende Gewächse, als Erbsen, Wicken u. dergl., welche durch ihre starke Bedeckung die schleunige Ausdünstung der Erde, und den freien Zutritt der frischen atmosphärischen Luft verhindern, dem Lande eine große Lockerheit und ein kräftigeres Vegetationsvermögen mittheilen. Wir bemerken ferner, daß jede darnach folgende Halmfrucht, Weizen, Rocken, Gerste, Hafer, üppiger wachse und ergiebiger werde, als wenn denselben, statt der brütenden Schotenfrucht, eine andere Halmfrucht vorangegangen wäre. — Wir leiten uns also aus dieser Erfahrung für die bessere Kultur die Regel ab: „jeder Halmfrucht, wo möglich eine Schotenfrucht vorhergehen zu lassen."

Durch andere vielfältige und sichere Beobachtungen haben wir auch diejenigen Gewächse kennen gelernt, die auf verschiedene, ihnen auf demselben Boden unmittelbar nachfolgende Fruchtarten eine nachtheilige Wirkung hervorbringen. Der Rocken mißräth nach Kartoffeln, nach Gerste und Flachs; eben so der Weizen, wofern nicht von neuem dazu gedüngt wird; dagegen die Gerste nach

Kartoffeln und andern behackten Früchten vortreflich gedeihet. — Nach dieser Erfahrung bestimmt sich der rationelle Landwirth: „nie Weizen oder „Rocken nach Kartoffeln, nach Gerste, oder nach „Flachs zu erbauen; wohl aber der Gerste, und „dem unter letzterer einzusäenden Klee, solches „Land, welches gedüngte und behackte Früchte „getragen, anzuweisen."

Erfahrung hat uns ferner gelehrt: daß Weizen nach Weizen in der Regel total mißräth; daß Rocken nach Rocken einen schwachen Ertrag giebt; daß dreimal Gerste nacheinander, selbst bei zweimaliger Düngung, das ist, in der ersten und dritten Tracht, dennoch in dieser dritten gedüngten Tracht auffallend wenig Körner und geringes Stroh giebt; daher man festsetzt: „nicht ohne „Noth Rocken nach Rocken; nie aber Weizen „nach Weizen, oder Gerste nach Gerste zu erbauen; auch überhaupt den Anbau dieser Halmfrüchte nach einander zu vermeiden, und sie „jederzeit zufolge der bereits vorerwähnten Erfahrungen durch eine Zwischenfrucht von Erbsen „oder Wicken zu unterbrechen."

Der Hafer hingegen hat die besondere Eigenschaft, daß er auf Neubruch in kräftigem Marschboden zwei- auch dreimal nach einander einen ausgezeichnet hohen Ertrag giebt. Doch kann ein reicher Marsch- oder Bruchboden dem Höheboden nur selten zur Richtschnur dienen.

Auffallend ist die Wirkung, welche Pferdebohnen auf den ihnen folgenden Weizen hervorbringen. Man wird von einem und demselben Lande weder durch vorher erbauete Erbsen oder Wicken, noch durch reine Brache, jemals einen so hohen Weizenertrag erhalten, als nach den Pferdebohnen, besonders wenn sie gedrillt worden waren. Auch der gedüngte Taback ist eine trefliche Vorfrucht für den Weizen.

Es kann hier nicht der Hauptzweck seyn, über den Werth des wohlgeordneten Fruchtwechsels eine ausführliche Abhandlung zu schreiben. Ich habe gegenwärtig keine andere Absicht, als einige allgemeine Erfahrungsgründe aufzustellen, welche die Nützlichkeit und den wichtigen Einfluß bemerkbar machen sollen, den eine wohl- oder übelgewählte Fruchtfolge, auf den hohen oder niedern Körnerertrag des Getreides hervorbringen kann. Zur Erläuterung des Ganzen, will ich hier nur noch ein Beispiel anführen, welches es versinnlichen wird, wie groß dieser Einfluß einer geregelten Fruchtfolge auf einem und demselben Boden, bei gleichem Dünger, und bei Kultur derselben

Fruchtarten, auf die Größe des Ertrages dieser Früchte ist.

Man gebe einem Morgen Landes die gehörige Bedüngung, und lasse dieses Land in einer Folge von vier Jahren nachstehende Früchte tragen:

1) Kartoffeln: diese werden vom Morgen bringen	100	Schfl.
2) Rocken, der nach Kartoffeln fast nie geräth, wird im Durchschnitt höchstens	$4\frac{1}{2}$	=
3) Kleine Gerste nach dem Rocken	7	=
4) Erbsen in der dritten Tracht .	5	=
Getreide	$16\frac{1}{2}$	Schfl.

Man wähle dagegen für dasselbe Land, unter gleichen Umständen, für dieselben genannten Fruchtarten, nachstehende Fruchtfolge:

1) Kartoffeln: diese werden vom Morgen bringen	100	Schfl.
2) Kleine Gerste, nach behackten Früchten, davon wenigstens	10	=
3) Erbsen in zweiter Tracht mindestens	6	=
4) Rocken, nach dieser Hülsenfrucht wenigstens	7	=
Getreide	$23\frac{1}{2}$	Schfl.

Man hat also von einem und demselben Morgen Landes, bei derselben Bestellung und von denselben Fruchtarten, durch die auf vorberegte Erfahrungen beruhende, zweckmäßig abgeänderte Folge dieser Früchte, — $\frac{1}{3}$ Körnerertrag mehr gewonnen, als bei der erst angezeigten Art solche zu kultiviren. — Der praktische Wechselwirth könnte bei dieser Vergleichung nur die auf Erfahrung gestützte Erinnerung machen, daß durch die letzterwähnte geregelte Fruchtfolge der Körnerertrag nicht um $\frac{1}{3}$, sondern um die Hälfte vergrößert seyn müßte.

So wichtig solche zweckmäßige Anordnung der wohlgewählten Fruchtfolge für die bedeutendere Vermehrung des Getreides ist; von eben so großer und in einiger Hinsicht von noch größerer Wichtigkeit, ist in einer Fruchtwechselwirthschaft die höchste Benutzung der Brache, welche durch eine gartenmäßige Kultur, an Früchten vieler Art und an Viehfutter, einen fast unglaublichen Ertrag gewährt, wogegen die darauf verwendeten Kosten von sehr geringer Bedeutung sind; da hingegen die Brache in Dreifelderwirthschaften, oder der dritte Theil aller Ackerländer im allgemeinen gar keine, in wenigen Fällen, wegen der gleich darnach folgenden Wintergetreidesaat, eine nur höchst unvollkommene Benutzung erlaubet.

Der Vortheil dieser in geregelten Fruchtwechselwirthschaften gewonnenen großen Masse Brachfrüchte und Futtergewächse ist um so wichtiger, da nur wenige derselben dem Erdboden nur einige, — viele aber solchem fast gar keine Düngtheile entziehen, verschiedene hingegen, vermöge ihrer starken Bedeckung oder Bebrütung der darunter liegenden Landfläche, die Fruchtbarkeit des Bodens vermehren, und außerdem durch Verfütterung immer eine größere Quantität Dünger wiederliefern, als zu ihrem Anbau verwendet wurde.

Nächst der Gewinnung dieser Brachfrüchte, und des daher entstehenden Ueberflusses an Dünger wird durch die Bearbeitung und Auflockerung des Bodens jeder Zweck der reinen Brache vollkommen erreicht.

Das Unkraut kann durch die gewöhnliche reine Brache nie in dem Grade vertilgt werden, als solches durch die Bearbeitung der Brachfrüchte geschiehet, da durch vielfältiges Behacken und Auflockern des Bodens der Unkrautsaame in weit größerer Menge zu keimen gezwungen, sogleich wiederum vertilget wird.

Fände sich auch eine Bodenart, in welcher das Unkraut so sehr Ueberhand genommen hätte, daß solches durch die reine Brache, wie sie in Dreifelder- ja selbst in Koppelwirthschaften gewöhnlich gehalten wird, gar nicht zu überwältigen. und durch die gartenmäßige Bearbeitung der Brachfrüchte in der Fruchtwechselwirthschaft nur weniger vollständig zu vertilgen wäre, so bleibet doch bei letzterer noch dieses Mittel übrig, daß man das Land, bis zu der in der Regel denen Brachfrüchten folgenden Gerstensaat, mit Pflug und Egge zur Verminderung des Unkrauts noch mehrmals frei bearbeiten lassen kann.

Die bessere Ernährung des Viehs, die bald erfolgende Vermehrung desselben, eine höhere Benutzung des ganzen Viehstandes, die sich mehr als verdoppelnden Düngmittel und der sich vergrößernde Körnerertrag sind die unmittelbaren Folgen einer zweckmäßig angeordneten Fruchtwechselwirthschaft.

Und da auf einer mit Energie betriebenen Wirthschaft dieser Art man dahin gelangen muß, daß die ganze Ackerfläche in Absicht der Reinheit des Bodens, und dessen durch Ueberfluß an Dünger erhöhete Fruchtbarkeit in den vollkommensten Kulturzustand versetzt wird, so tritt auch bald der Zeitpunkt ein, da dem alsdann zu großen Futterbau Gränzen zu setzen sind, und ein Theil des ihm gewidmeten Brachlandes mit einträglichern Handelsgewächsen bestellet werden kann.

Dies wären in kurzem die zum Theil seit Jahrhunderten bewährten Erfahrungen, auf welchen einige der Fundamentalsätze der rationellen Landwirthschaftslehre des Hrn. Staatsrath Thaer einerseits mitberuhen. — — Durch ihre praktische Anwendung werden wir in den Stand gesetzt, eine mit geringen Hülfsquellen versehene Dreifelderwirthschaft in eine vollkommene umzuwandeln, und sie zu dem höchst möglichen Ertrag zu erheben.

Künftige Fruchtfolge in der neuen Wechselwirthschaft, nebst einigen Bemerkungen.

Es wird auf der bisherigen ganzen dreifeldrigen Ackerfläche, eine nach Regeln geordnete sechsfeldrige Fruchtwechselwirthschaft mit halber Stallfütterung eingeführt. Bis der Boden durch öftere und vollkommene Bedüngung einen hohen Grad von Fruchtbarkeit erlangt hat, wird folgende Fruchtrotation für denselben angenommen: 1) Behackte Früchte und Futtergewächse; 2) Gerste; 3) Klee; 4) Wintergetreide; 5) Erbsen; 6) Wintergetreide.

Die ganze jährliche Aussaat, welche während der Dreifelderwirthschaft vorhanden war, bestand wie gewöhnlich aus $\frac{1}{3}$ oder ein Feld mit Wintergetreide, und $\frac{1}{3}$ oder ein Feld mit Sommergetreide, dem ein drittes Feld zur Brache folgte. In dieser neuen Wirthschaft wird die Ackerfläche für den Getreidebau nicht vermindert, sondern sie bestehet noch aus $\frac{2}{6}$ oder $\frac{1}{3}$ mit Wintergetreide, aus $\frac{2}{6}$ oder $\frac{1}{3}$ mit Sommergetreide, und aus $\frac{2}{6}$ oder ein $\frac{1}{3}$ Brachland. Dieses Brachland ist (außer der verbesserten jetzt den Körnerertrag vermehrenden Fruchtfolge) die Hauptquelle aller künftigen Verbesserungen, indem die eine Hälfte desselben oder $\frac{1}{6}$ der ganzen Ackerfläche in einen üppigen Kleeschlag verwandelt, die andere Hälfte aber, oder eine gleiche Fläche wie dieser Kleeschlag, mit behackten Früchten und Futtergewächsen bestellt wird.

Ehe ich weiter gehe, werde ich im voraus einigen Einwendungen begegnen müssen, die von strengen Fruchtwechsel-Wirthen über die Anordnungen für diese neue Wirthschaft im allgemeinen gemacht werden könnten. Es läßt sich die Frage aufstellen: „warum die bei der alten Wirthschaft „vorhandenen Weiden in der neuen Wirthschaft „nicht gleich mit zu den Ackerländern gezogen „werden?"

Dieser nicht ungegründet scheinenden Bemerkung kann man aber entgegnen: daß da, wo es Weide giebt, deren Lokalitäten die Vereinigung derselben mit dem Pfluglande nicht erschweren, es jedem unbenommen bleibt, solche den Ackerländern einzuverleiben, und sie mit jenem in eine angemessene Fruchtrotation zu bringen. Hätte diese Weide z. B. die Grösse eines Schlages, oder eines Sechstheils des ganzen Pfluglandes, so wird solche diesem als 7ter Schlag beigefügt und mit Hafer bestellt. Da indeß diese Weide ihrer Natur nach ein Futterschlag ist, und derselbe der neuen Wirthschaft hinwiederum als Futterschlag beigelegt werden muß, so kann diese eingegangene wilde Weide am kürzesten der Wirthschaft dadurch ersetzt werden, daß man statt des vorher in der sechsfeldrigen Rotation angenommenen einen Grünfutterschlages nunmehr deren zwei anordnet; welches am leichtesten dadurch zu erreichen ist, daß der angeführte 3te oder Kleeschlag statt eines Jahres, dann zwei Jahre zur Grünfutterung benutzt wird, bevor man denselben zur Winterung aufbricht. — In einem andern Falle aber, wenn die Weide so groß ist, daß sie 2 Schläge abgeben könnte, so wird die neue Fruchtwechselwirthschaft nun aus 8 Schlägen bestehen. Unter diesen Umständen läßt sich auch die oben angenommene Fruchtrotation von 6 Schlägen im Ganzen beibehalten; nur der eine neue Schlag aus der

Weide wird als der 7te in der Rotation mit Wikken, und der andere als der 8te mit Hafer bestellt.

Auf keine Weise aber wage ich hier, im voraus die allgemeine Bestimmung zu machen, solche Weiden schon in den ersten Jahren einzuziehen, weil die Arbeit in vielen Fällen dadurch sehr vermehret, und der neue Betrieb für manche noch mehr erschweret werden würde. Der Zeitpunkt zur Einziehung der Weiden wird vielmehr dann von selbst erfolgen, wenn der Eigner dieser neuen Fruchtwechselwirthschaft dieselbe durch vervollkommnete Kultur zu einem solchen Grade der innern Kraft und des Ueberflusses erhoben siehet, daß derselbe endlich aus eigner Regung zur Urbarmachung seiner disponiblen Weiden sich bewogen, und zum Genuß eines voraus zu berechnenden höhern Ertrages, sich gereizt fühlet.

Es giebt bekanntlich auch viele Dreifelderwirthschaften, die zwar separirte Ackerländer besitzen, deren Weiden aber noch mit anderen in Gemeinheit liegen. Damit für dergleichen häufig vorkommende Wirthschaften, die Möglichkeit des Ueberganges in eine bessere um so leichter und deutlicher, und diese Anleitung im allgemeinen noch anwendbarer werde, so habe ich dieserwegen solche nicht disponible Weiden dem neuen Betriebe auch nicht einverleiben können.

Ferner finden sich Dreifelderwirthschaften, die zwar disponible Viehweiden besitzen, die indeß so entlegen sind, daß die Beschwerlichkeiten und Aufopferungen zu groß werden würden, um dieselben mit einer angehenden neuen Wirthschaft zugleich als Ackerland zu verbinden. Wenn erst die innern Kräfte der neuen Wirthschaft an Dünger, Futter und Gespann sich so vermehret haben, daß dieselben mit aller Leichtigkeit noch weiter ausgedehnt werden können, dann wird es dem Eigenthümer seinem Lokale nach, minder schwer fallen, auch diese entlegenen Weiden in der Folge durch den Pflug nach angemessenen Grundsätzen besser zu benutzen. Bis dahin können indeß solche Weiden, statt des auf dem Stall drei Monate lang zu fütternden Viehes, ihrem Besitzer vielleicht als Schafweide nützlich werden.

Es giebt auch noch Dreifelderwirthschaften, deren Weideländer von Natur so schlechter Art sind, daß selbige ohne angestrengte Melioration vorerst zu nichts als zur Viehweide oder gar nur zur Holzbesamung am vortheilhaftesten zu benutzen wären. Bis nun die neue Wirthschaft zu solchen extendirten Meliorationen hinlängliche Kräfte gesammelt hat, so wird es wohl, um die Beschwerden des Ueberganges nicht zu vermehren, gerathner seyn, dergleichen unergiebige Weideländer vorerst noch von der angehenden Fruchtwechselwirthschaft auszuschließen.

Ich schmeichle mir, daß man diese angeführten Ursachen gegen die Meinung: daß die bei der alten Wirthschaft vorhandenen Viehweiden mit dem Pfluglande der neuen Wirthschaft hätten gleich anfänglich vereinigt werden sollen, gegründet finden kann, und muß jetzt noch der letzten etwanigen Einwendung: „daß in der neuen Wirthschaft auch so„gleich die totale Stallfütterung einzuführen nützlich gewesen wäre," zu begegnen suchen.

Wollte man in dieser neuen Wirthschaft gleich in den ersten Jahren, wo Klee erbauet wird, auch eine gänzliche Stallfütterung einführen, so ist mit Wahrscheinlichkeit vorauszusetzen: daß es den gewöhnlichen Dreifelderwirthschaften an trockenem Futter, Heu und Stroh, fehlen wird, um das Vieh bei einem kalten oder dürren Frühjahr bis gegen die Mitte des Junius, da der Klee herangewachsen seyn wird, im Stall zu ernähren. Die vorherige Weide bleibet also bis dahin ungeschmälert nothwendig. Man wird auch außerdem die Weiden noch nicht gänzlich entbehren können, weil im frühen Herbst der Klee- oder einzige Futterschlag schon für die Winterung bearbeitet werden muß, da dann zu dieser Zeit dem Viehe das künstliche Grünfutter von neuem fehlen würde. Ueberhaupt ist zur gänzlichen Sommerstallfütterung mehr als ein Kleeschlag nöthig, und der gewöhnliche Dreifelderwirth mag sich, bis er durch eigne Erfahrung zu besserer Einsicht gelangt, wohl schwerlich entschließen, einen Theil seines Saatlandes zu verlieren, um darauf statt des Getreides Futtergewächse zu erbauen.

Wollte man aber zu dieser Absicht die vorhandenen Viehweiden der unterm Pflug befindlichen Fruchtrotation einverleibet wissen: so hat man zu berücksichtigen, daß manche Weiden wegen Gemeinheitsbelastung nicht disponibel, manche zu entlegen, manche von zu geringer Qualität sind, um dieselben gleich zum Futtergewächsbau in die Ackerrotation aufzunehmen, und auf solche in diesem allgemein passensollenden Plan, eine totale Stallfütterung zu fundiren.

In nördlichen Ländern (wofern man keine sichere Lucernefelder haben kann) gehöret überhaupt

haupt

haupt ein künstlicherer Futterbau als bloßer Klee und Wicken dazu, um eine vollkommene Sommerstallfütterung einzuführen. Raps, Quälrokken, Pastinaken, die alle den Winter ausdauern, und also im Jahr zuvor bestellt, bereits vorhanden seyn müssen, können bei uns nur ein sicheres frühes Futter theils schon von der Mitte des Aprils, theils vom Mai bis zum Anfange der Kleeschur liefern. In vieler Hinsicht können allein die Wicken den fehlenden Klee zwischen der ersten und zweiten Schur vollkommen ersetzen, und im späten Herbst endlich der eigentliche grünkohlartig gestaltete Winterraps, dick gesäet, ein nicht nur kräftiges, sondern überflüssiges Grünfutter bis zum wirklich eintretenden starken Frost liefern.

Zu solcher vorzüglichen Kultur gehöret aber: ein ganz durchdüngter Boden, ein höchst thätiger, kenntnißreicher und erfahrner Landwirth, und hinlängliche, mit allen dabei vorfallenden einzelnen Geschäften praktisch bekannte Arbeiter, um solche vollkommene Wirthschaft mit Vortheil zu führen.

Uebrigens wird es keinem energischen, erfahrnen Landwirth schwierig werden, von der halben Stallfütterung zur ganzen überzugehn, wenn er findet, daß seine Futterschläge ihm allen dazu erforderlichen Ueberfluß darbieten; oder wenn er in der Folge es einsieht, daß er durch leicht vorzunehmende Abänderungen, solche zu erreichen Aussicht hat. Nur unterstehe ich mich nicht, gleich beim ersten Uebergange aus einer Dreifelderwirthschaft im allgemeinen jeden Anfänger hiezu anzurathen.

Vorstehende Auseinandersetzung wird es rechtfertigen, warum ich bei dieser neuen Wirthschaft eine bestimmte Vorschrift zu einer gänzlichen Stallfütterung vorerst nicht zuträglich finden konnte.

Ueber einige bei Einführung der bessern Wirthschaft unentbehrliche Ackergeräthe.

In dieser neuen Wirthschaft muß die Vermehrung des Düngers vorerst das Hauptaugenmerk seyn. Nächst dem auszulegenden einjährigen Kleeschlage ist die gartenmäßige Bestellung des Brachschlages mit behackten Früchten das sicherste Mittel, für diesen armen Boden einen Ueberfluß an Dünger zu erhalten. Da aber das Reinhalten und Behacken einer so großen Menge Gewächse durch Menschen zu langsam und zu kostbar werden würde, und deren Anbau mittelst der verschiedenen sehr zweckmäßigen, durch den Herrn Staatsrath Thaer bekannt gemachten, und von ihm verbesserten Geräthe allein im Großen ausführbar ist, so will ich hier die allernothwendigsten derselben anführen, welche in einer Fruchtwechselwirthschaft zum Betriebe des Brachfruchtbaues unentbehrlich sind:

1) Die einfache Pferde- oder Kartoffelhacke, mit doppelten, weit und enge zu spannenden Streichbrettern. Dieses Instrument dienet, die im Großen in Reihen gesäeten oder gepflanzten Kraut- und Wurzelgewächse, so wie die Kartoffeln anzuhäufen, ihnen erneuerte Erde zu geben, die Oberfläche der zu Rücken angehäuften Erde zu erfrischen, oder sie zu lockern, sobald sie eine Borke zu bekommen anfängt. Man hat zu dieser sogenannten Pferdehacke oder Häufelpflug einen Knecht und einen Jungen zum Leiten des Pferdes nöthig, und kann damit in einem Tage so viel häufen, als durch sechszig nicht vollkommen eingeübte Menschen mit gewöhnlichen Handhacken geschehen kann. Ein solcher Pflug, mit beweglichen hölzernen oder mit Eisen beschlagenen Streichbrettern wird bis jetzt in der Regel zu Mögelin in der Fabrik von Ackergeräthen, auf dem Gute des Herrn Staatsraths Thaer nicht verfertiget, sondern muß expreß bestellt, doch bei Bestellung desselben bemerkt werden, daß den beweglichen Streichbrettern eine so enge Spannung gegeben wird, um damit im Nothfall

nur 18 bis 20 Zoll entfernte Reihen behäufen zu können.

2) Der Schaufelpflug. Dieses Instrument dienet zur Vertilgung des zwischen den Reihen wachsenden Unkrauts, zugleich aber auch zur Auflockerung der Oberfläche des Bodens. Er muß die Einrichtung erhalten, daß er in schmalen Reihen, z. B. zu Möhren und Pastinaken, wie zu den breitern Weißkohlreihen zu brauchen ist. In schmalen wird er brauchbar, wenn die Schaufeln zum Aus- und Einschrauben eingerichtet, und die Seitenschaufeln oder hintersten Schaufeln abgeschroben werden. Ein Pferd, ein Leiter des Pferdes, und ein Knecht sind beim Gebrauch desselben nöthig, die in einem Tage damit eine gleich große Landfläche vom Unkraute befreien, wie 30 Menschen mit Handhacken vertilgen. Ein solcher Schaufelpflug kostet zu Mögelin 15 Thlr. Courant.

3) Eine Handdrille oder Drillkarre zu Rüben; eigentlich eine kleine Schiebkarre, auf welcher ein Kasten stehet, mit einer darin befindlichen Maschinerie, wodurch der Rü-

ben=Same und andere dem ähnlichen Sämereien in Reihen gesäet werden können; kostet zu Mögelin 12 Thlr. Courant.

4) Ein Kartoffelheber, der zu der Kartoffelernte gebraucht wird, 2⅓ Thlr. Courant.

5) Eine Maschine oder Mühle, womit die Kartoffeln und andere Brachfrüchte zur Viehfütterung verkleinert werden. Zu Mögelin auf dem Gute des Hrn. Staatsraths Thaer wurde auf solcher Handmühle in meiner Gegenwart, durch zwei Menschen in jeder Minute ein Berliner Scheffel Rota-Bagen, in dünne Scheiben zerschnitten *). Der Preis dieser Maschine ist 24 Thlr. Courant, und wird zu Wrietzen an der Oder, eine Meile von Mögelin, durch den Tischler Reichert sehr gut verfertiget.

Dies sind die allerunentbehrlichsten Geräthe, ohne welche in dieser neuen Wirthschaft der Brachfruchtbau, ohne die Kosten der Handarbeit bedeutend zu vermehren, nicht mit Vortheil betrieben werden würde.

---

*) Ein Berliner Scheffel hält 2759; eine Wiener Metze 3100; eine dänische Tonne 7020 Pariser Kubikzoll.

Erst wenn von dem Dreifelderwirth diese vollkommenere Wirthschaft eine Zeitlang geführt; wenn er durch Futterbau den Dünger vermehrt, den Boden verbessert, dem Viehe Ueberfluß verschafft, und durch Mitwirkung einer richtigen Fruchtfolge den Körnerertrag vergrößert siehet: dann wird auch mit jedem Jahre die Neigung für sein Gewerbe zunehmen; sein Interesse wird ihn reizen, den Geist der über die höhere Kultur der Felder vorhandenen Schriften sich zu eigen zu machen, und er wird von selbst finden, wie mit Hülfe der übrigen von dem Herrn Staatsrath Thaer verbesserten Ackergeräthe der Boden noch leichter und vollkommener bearbeitet werden kann. Wenn er endlich diese Kenntniß erlangt hat, alsdann wird er auch ohne fremden Anlaß die für sein Lokal passenden übrigen Geräthe herbeischaffen, um durch ihre Anwendung Zeit und Arbeitskräfte zu ersparen, die Ausgaben zu mindern, und die Einnahme zu vermehren.

Anleitung zum Anbau derjenigen Früchte, welche in der Folge in dem Brachfelde jährlich, mit Hülfe der vorerwähnten Ackergeräthe, in der neuen Wirthschaft erbauet werden können *).

1) **Kartoffeln** (solanum tuberosum), eines der ergiebigsten Gewächse, das der Landwirth bauet. Sie enthalten, nach Einhofs chemischer Zerlegung, 73 Prozent Wäßrigkeit, 27 Prozent festen Nahrungsstoff, worunter 25 Prozent Mehl, welches dem Rockenmehl gleich kommt, jedoch eigentlich mit der faserigen Substanz — (welche nicht ihrer

*) Man erwarte nicht eine Beschreibung aller möglichen ersonnenen Methoden, diese Brachfrüchte zu erbauen. Ich habe hier nur die zuverläßigsten und faßlichsten ausgewählt, welche von jedem gewöhnlichen praktischen Landwirth am leichtesten begriffen und ausgeführt werden können.

chemischen, sondern nur der physischen Eigenschaft nach, verschieden, und in Pulverform verwandelt, eigentlich Satz- oder Stärkemehl ist) zusammengerechnet 22 Prozent Stärkemehl enthält. — — Ein Morgen liefert ungefähr 12000 Pfund Kartoffeln, und diese geben 3000 Pfund Mehl. Es ist eine vorzügliche Ernte, wenn man von einem Morgen 1000 Pfund Rocken gewinnt. Ein Morgen Land mit Kartoffeln bestellt bringt also viermal so viel nahrhafte Substanz, als ein Morgen mit Rocken.

Die Kartoffeln entziehen dem Erdboden wirklich einige nahrhafte Substanzen, besonders wenn sie den Boden nicht beschatten. Um dies zu ersetzen, giebt man vorzüglich dieser Frucht eine stärkere Bedüngung, als den übrigen Brachfrüchten.

Das Land wird einmal im Herbst, das anderemal gleich nach Abgang des Winters, sobald der Boden abgetrocknet und nicht mehr klebrig ist, gepflügt, und sodann tüchtig abgeegget. Man überbreitet nun die zu Kartoffeln bestimmte Fläche mit kurzem Dünger. Die faßlichste und bekannteste Weise, sie zu bestellen, geschiehet mit dem gewöhnlichen Räderpfluge. Die Reihen erhalten eine Entfernung von nicht weniger als 21 und nicht mehr als 24 Zoll rheinländisch; die Kartoffeln selbst aber werden, den neuern Erfahrungen zufolge, am vortheilhaftesten 6 Zoll von einander gelegt. Um die Reihen genau in gleich fortlaufender, z. B. 21zölliger Entfernung zu ziehen: so muß das Pflugschar nicht mehr als 7 Zoll breit, und das rechte Pflugrad so nahe angepaßt seyn, daß der Pflug nicht weiter als nach dem abzupflügenden Maaße von 7 Zoll in das abzupflügende Land gehen kann, und keine breitern als 7zöllige Fahren zuläßt. Wenn man also jeder Fahre diese Breite giebt, dann in jeder nur 3 Zoll tiefen Furche die Kartoffeln legt, und sie mit der folgenden Fahre bedeckt, so werden die Kartoffelreihen genau in einundzwanzigzölliger Entfernung neben einander fortlaufen. Doch ist zu beachten, daß die Kartoffeln alle nur hart an der Seite des Landes gelegt werden, wo das Land vom Pfluge eben scharf abgeschnitten wurde. Kartoffeln mittler Größe, oder ganz große Kartoffeln in zwei Stücken geschnitten, geben den besten Ertrag.

Als Regel läßt sich angeben: daß in Boden, worin hauptsächlich sich nur Samenunkräuter finden, die Bestellung in Reihen, wie die beschriebene, die empfehlenswertheste ist; aber in Boden mit vielen Wurzelunkräutern und Gräsern ist die Methode vorzuziehen, die Kartoffeln in 21zölliger Entfernung zu legen, und sie in □, jedoch auf dieselbe Weise, wie die in Reihen gelegten, zu bearbeiten.

Nach dem Legen der Kartoffeln bleibt der Acker unbeegget liegen, weil die Erfahrung lehret, daß unbeeggetes Land weniger Gras und Unkraut treibt. So wie nun das Kartoffelkraut eben hervorzusprossen beginnt, so wird das Land mit einer enggezahnten Egge überzogen, und das sich etwa darauf findende wenige Unkraut vertilget. Nach diesem wenigen Eggen werden die Kartoffeln mit Ueppigkeit aber auch das Unkraut mit Macht hervortreiben, und nun folget die Bearbeitung mit dem Schaufelpflug, um solches zwischen den Reihen zu zerstören.

Vor dem Schaufelpflug wird ein mittelmäßiges Pferd gespannt, und von einem Menschen zwischen den Reihen mit Vorsicht geleitet, damit die Kartoffeln nicht vertreten werden. Der Schaufelpflug selbst wird von einem vernünftigen Menschen so geführt, daß die unten gehenden scharfen Schaufeln die Wurzeln des Unkrauts etwa einen Zoll tief unter der Erdfläche abschneiden. Die Unkrautpflanzen fallen nieder, welken und vermodern in kurzer Zeit. Mit einem solchen Schaufelpflug läßt sich in einem Tage so viel Unkraut als durch 30 Menschen zerstören. Das übrige zwischen den Kartoffeln selbst hervorsprossende Unkraut wird mit der Hand ausgezogen, oder mit Handhacken ausgehackt.

Wenn das Kraut der Kartoffeln höher wird, dann müssen die Kartoffeln behäufet werden. Dies geschiehet mit dem bereits erwähnten Häufelpflug. Die Streichbretter werden so gestellt, daß der an den Pflanzen von ihnen geworfene Erdhügel unten breit, oben aber ganz spitz an die Pflanzenstengel hinaufgestrichen wird. Dies erste Anhäufen muß nicht stark geschehen, deswegen wird der Pflug so gestellt, daß er nicht tief gehet, und nur wenig Erde mittelst seiner beiden Streichbretter aufwirft. Das Angespann, das Leiten des Pferdes und das Führen dieses Häufelpfluges, geschiehet auf gleiche Weise, wie bei dem vorerwähnten Schaufelpflug. Man kann mit diesem Pfluge in einem Tage so viel Kartoffeln behäufen, als 50 nicht sehr geübte Menschen mit ihren Handhacken häufen können.

Wenn die Pflanzenstengel sich theils vermehren, theils sich dicker ausbreiten, so geschiehet dasselbe

Häufen zum zweitenmal. Doch wird jetzt mehr Erde angehäuft, als das erstere mal, und mit der Vorsicht, daß der Kartoffelhügel oben nicht breit, sondern so viel möglich spitz wird. Sollte etwa neues Unkraut zwischen den Kartoffelpflanzen hervorgekommen seyn, so wird dies vor dem Anhäufen mit der Hand ausgezogen. Das übrige Unkraut, zwischen den Reihen, vertilget der Häufelpflug in seinem Gange, während dem Häufen.

Das Häufen zum drittenmal, während der Blüthezeit, vermehrt die Ergiebigkeit der Kartoffeln ungemein. Auch das Kraut wird dicker, und ersticket das hervorgesproßte Unkraut. Es fängt bald darnach an, den Erdboden so dicht wie Hülsenfrüchte zu beschatten, und jetzt gewinnt die Fruchtbarkeit des bebrüteten Bodens einen Theil der Kraft wieder, welche dieses mehligte Gewächs ihm entziehet.

Uebrigens halte ich mich verpflichtet, die in den letztern trocknen Jahren von mehrern gemachte Beobachtung hier anzuführen: daß in solchen Jahren die gar nicht gehäuften Kartoffeln in ganz leichtem oder lockerm Boden ergiebiger ausgefallen seyn sollen, als die gehäuften. Aber ich bin der Meinung: daß letztere Kartoffeln auf leichtem oder lockerm Boden zu weitläufig gelegt waren, und dabei in zu weiten Reihen standen. Der Fuß der Kartoffeln kann dann nicht beschattet werden, Luft und Sonne trocknen den Boden aus, und mindern ihre Ergiebigkeit.

Wenn endlich die untern Blätter der Kartoffeln gelb und die Stengel gelb oder gar trocken werden: so wachsen die Kartoffeln nicht mehr; sie sind reif, und müssen aus der Erde genommen werden. Aber nicht in jedem Jahr und in allen Gegenden läßt sich dieser Zeitpunkt abwarten. Der Frost tritt noch früher ein, ehe das Wachsen der Kartoffeln vollendet ist. In nördlichen Gegenden muß daher die Ernte der Kartoffeln schon beendet seyn, ehe der Frost eintritt.

Das Aufnehmen der Kartoffeln aus der Erde erfordert viel Menschen und viel Zeit, wenn bedeutende Landflächen damit bestellet sind. In einem Tage können bis 7 Menschen einen Berliner Morgen Kartoffeln, bei gehörigem Fleiß und trockner Witterung, aufnehmen. Die Art und Weise, sie zu ernten, ist sehr verschieden. Einige mähen vorher das Kraut, und bringen es vom Acker, lassen darnach die langen Reihen mit dem Pfluge abpflügen oder umkehren, und die Kartoffeln aus der Erde sammeln. Viele ziehen das Kraut gleich mit den Kartoffeln, und suchen die zurückgebliebenen mit den Händen aus der Erde hervor. Andere ziehen sie mit Handhacken, andere werfen sie mit Spaten oder dreizackigen Forken aus der Erde. Da bei der Kartoffelernte es darauf ankömmt, mit der geringsten Menschenzahl in kürzester Zeit dieselben aus der Erde zu schaffen, ohne viel darin liegen zu lassen, so ist es im Großen von Wichtigkeit, die allerbeste Methode der vielerlei Arten von Kartoffelernten auszuwählen. Es wäre Zeitverlust, hier alle bekannte Methoden umständlich aufzuzählen. Ueber die vorerwähnten habe ich zu gleicher Zeit, und auf denselben Kartoffelländern, mehrmals komparative Versuche angestellt, und jederzeit durch Erfahrung bestätiget gefunden, daß auf keine andere Weise die Kartoffeln in so großer Menge an die Oberfläche der Erde gebracht, und so leicht aufgesammlet werden können, als wenn man die Kartoffelhügel mit dem, von dem Herrn Staatsrath Thaer in den Annalen bekannt gemachten, zweizackigen Kartoffelheber aufreißen läßt, und ich kann versichern, daß man durch diese Methode auf jeden Berliner Morgen $1\frac{1}{2}$ Menschen in der Ernte erspart, vorausgesetzt daß nicht, wie es in der Regel bei obigen Methoden geschiehet, ein guter Theil der Kartoffeln in der Erde vergraben liegen bleiben soll. Durch diesen Kartoffelheber allein, der einer großen zweizackigen Hacke gleicht, werden die in den Erdhügeln oben und unten verbreitet liegenden Kartoffeln, auf einmal möglichst zu Tage gebracht, und können in der mindesten Zeit vollkommen aufgesammlet werden.

Sobald die Haupternte vollendet ist, so wird das noch auf dem Acker liegende Kartoffelkraut zusammengebracht, und nach dem Wirthschaftshofe zum Düngergebrauch abgefahren. Jetzt ist es nicht unvortheilhaft, das Land noch etlichemal mit Eggen zu überziehen, welche die eingetretenen und etwa in der Erde liegen gelassenen Kartoffeln zu Tage bringen, die man am besten durch scheffelweisen Akkord absuchen läßt. Die Schweine oder Schafe suchen den Rest im Lande auf, dessen Absammlen sich nicht mehr bezahlt.

Man hat vielerlei Arten, die Kartoffeln aufzubewahren, und im Winter gegen das Erfrieren zu schützen. Die in den Scheunen unter den Tassen, nach des Herrn Staatsraths Thaer Angabe, hiezu expreß angelegten Keller mit ziemlich flachem dachförmigem Sparrwerk überbauet, welches von den darauf liegenden Getreidebansen bedeckt wird, sind die sichersten und bequemsten. — Man verwahret sie auch in dachförmig über der Erdfläche aufgeschütteten langen Hügeln; kleine Quantitäten in runden hohen Haufen. Diese werden sorgsam mit Stroh belegt, und das Stroh dick mit Erde bedeckt; hierüber wird wieder eine gute Strohlage gebreitet, die man mit von Stroh gedreheten Stricken da wo es nöthig ist befestiget, damit der Sturm diese Bedeckung nicht zerstöret; zuletzt wird alles mit Kartoffelkraut dick überdeckt. Um das Ganze her läßt man einen kleinen Wassergraben aufwerfen, der die Winterfeuchtigkeit abzieht, welcher aber mit langem Mist völlig überfüllt werden muß. — Eben so konserviret man sie in 3 bis 4 Ellen tiefen länglichen Gruben, die man an hohen trockenen Stellen wie jene dachförmige Hügel anlegt. Man füttert unten den Boden wie die Seiten der Gruben, mit einer Lage von Stroh oder trockenen Baumblättern aus, die 1 Fuß dick ist, und füllt nun die Grube mit Kartoffeln, bedeckt letztere mit Stroh, und schüttet die aus der Grube genommene Erde in dachförmiger Gestalt darüber, welche mit Stroh und Kartoffelkraut dick bedeckt wird. Den nächsten Umkreis aber umgiebt man mit einem kleinen Abzugsgraben, welchen man mit gutem Strohmist ausfüllen läßt.

Hat man keine Kartoffelkeller; hindert das Lokal die Verwahrung in Hügeln und Gruben; oder will man sich mancherlei andern möglichen Anfällen dabei nicht aussetzen: so lassen die Kartoffeln sich auch in Scheunen und Ställen oder andern Gebäuden sehr sicher aufbewahren, wenn man sie an allen Seiten mit 4 bis 5 Fuß dicken Stroh- oder Heulagen umgiebt, worin sie nicht erfrieren, und wo sie mit gehöriger Vorsicht zu jeder Zeit zum Gebrauch herausgenommen werden können. — Als allgemeine Regel beim Aufbewahren der Kartoffeln läßt sich annehmen: sie müssen nicht feucht, nicht zu warm, nicht zu kalt liegen, damit sie weder keimen noch erfrieren, sondern in einer trockenen Temperatur von 5 — 10° Reaumur aufbewahret werden. Man mag übrigens die Kartoffeln aufbewahren, wie man es seinem Lokal angemessen findet, so hat man die Vorsicht zu beobachten, sie jederzeit vor dem Einlegen in ihr Winterlager von der Luft abwelken, und bei dieser Gelegenheit die Setzkartoffeln, das sind die alten Pflanzkartoffeln, so wie die beschädigten, absondern zu lassen.

2) Rotabaga (brassica rapa ist der allgemeine Name von der Art; diese ist eine Abart) oder sogenannte schwedische Rübe, ein erst seit sechs Jahren durch den Herrn Staatsrath Thaer in Deutschland verbreitetes, für den Futterbau höchst wichtiges Gewächs. Nach Einhofs Analyse enthält die Rotabaga $85\frac{15}{16}$ Prozent wäßrige Theile; $8\frac{7}{8}$ Prozent zuckrige Materie; $4\frac{13}{16}$ Faserstoff; $\frac{1}{4}$ Prozent Pflanzen-Eiweiß; überhaupt $14\frac{1}{4}$ Prozent an festem Nahrungsstoff. Außer dem hohen Ertrage ist die Rotabaga, mit gehöriger Vorsicht behandelt, eines der sichersten Brachgewächse.

Man hat eine vierfache Art, sie im Großen zu kultiviren. Das Land wird zweimal gepflügt und scharf geegget. Mit der dritten Fahre wird der Dünger untergebracht. Nach hierauf erfolgendem abermaligen ganz klaren Abeggen säet man sie, nach Beschaffenheit des Klima, Ausgangs April- oder Anfangs Maimonats

a. breitwürfig, dünner als Rüben, reiniget und bearbeitet sie mit Handhacken. Aber außer daß sie durch solche breitwürfige Saat nur selten gleichförmig auf dem Acker zu stehen kommen, und ihre Kultur mit der Hand theurer wird, so ist man auch der Gefahr ausgesetzt, oft den größten Theil derselben durch Erdflöhe zu vertieren. Wegen dieser Erdflöhe und wegen Kostbarkeit der Handarbeit ist also diese Kultur auf keine Weise, besonders auf düngerreichem Boden, im Großen anzurathen.

b. Man drillet oder säet sie mit der bereits erwähnten Handdrille in Reihen. Diese Art Kultur erfordert wegen der nachherigen Bearbeitung mit dem Schaufelpflug ꝛc., weit geringere Erbauungskosten, und da sie gleich auf die ihnen bestimmte Stelle zu stehen kommen, so sind sie mit geringer Mühe anzubauen. Diese Methode hat daher vor der breitwürfigen Saat einen entschiedenen Vorzug; allein die jungen Pflanzen bleiben ebenfalls der Gefahr, von den Erdflöhen vertilgt zu werden, ausgesetzt, und wenn man diesen Schaden durch nachsäen abhelfen wollte, so würde es den neuen Pflanzen an Zeit fehlen, ihre ganze Vollkommenheit zu erhalten.

c. Pflegt man die Rotabaga, nach Beschaffenheit des Klima, um die Mitte des Mai oder am Ende dieses Monats in Reihen von 21= bis 24zölliger Entfernung, die Rüben selbst aber nur einen Fuß von einander entfernt zu pflanzen. Zu dieser

Absicht werden die Pflanzen vorher früh im Garten angezogen, und darnach auf das Feld verpflanzt. Doch müssen diese Pflanzen nicht zu klein und schwach seyn; auch müssen nicht mehr auf einmal zum Verpflanzen aufgezogen werden, als man innerhalb 4 bis 6 Stunden wieder auf dem Felde in die Erde zu bringen gedenket. Empfehlungswerth ist übrigens die Methode des Hrn. Staatsraths Thaer, die Wurzeln der Pflanzen, so wie sie aus der Erde genommen werden, gleich in eine mit Lehm verdickte Mistgauche zu tauchen, die eine trockne Rinde bildet, und den Andrang der Luft von den Wurzeln abhält. Man ist zwar auf diese Weise nicht der Beschädigung durch Erdflöhe ausgesetzt; allein bei anhaltender Dürre gehen doch oft sehr viele Pflanzen verloren, wenn sie gleich mehreremal mit Sorgfalt begossen werden. Der Beschwerden des Begießens und des nicht immer günstigen Erfolges ungeachtet, gebühret doch dieser Art solche Brachfrucht zu kultiviren, vor den bereits erwähnten, besonders vor der ersteren, und vorzüglich da der Vorzug, wo die Erdflöhe sich auf dem Boden stark eingenistet haben.

d. Pflanzt man diese Rotabaga zwar wie vorgeschrieben auf dem Brachfelde; allein beobachtet dabei die Vorsicht, die Pflanzen einzuschlämmen, wozu nicht mehr Arbeiter erfordert werden, als bei der letzterwähnten Methode, wenn man bei dieser voraussetzt, daß die durch große Dürre leidende Pflanzen begossen werden. Bei dem Einschlämmen wird folgendergestalt verfahren. Man läßt da, wo sie gepflanzt werden, einen Kieven oder Faß hinbringen, und schüttet dasselbe halb voll fruchtbarer Gartenerde (in Ermangelung deren nimmt man lehmige mit etwas ganz verrottetem Dünger vermischte Erde), worauf so viel Wasser gegossen wird, daß beides zusammengerührt einen dicken Brei giebt. Wenn nun mit einem Pflanzstock das Loch in die Erde gemacht, und die Rota-Bagapflanze eingesetzt ist, so wird von diesem dicken Brei so viel ins Pflanzloch gegossen, bis es übervoll ist. Die Arbeit bezahlt sich reichlich. Die Pflanzenwurzeln und Fasern wachsen sofort darin an; kein Pflanzenblatt vertrocknet; die Pflanzen wachsen selbst in der größten Dürre fort; Wurzeln und Boden bleiben von den Blättern beschattet; Kraut und Knollen erhalten eine ansehnliche Größe; selten fehlt eine Pflanze auf großen Flächen; die Ernte ist sichrer, und immer um die Hälfte, oft um das Doppelte, ergiebiger, als jene, die nicht eingeschlämmt wurden. Die durch das Einschlämmen vermehrten Pflanzungskosten betragen für den ganzen Morgen 3 bis 4 weibliche Arbeiter mehr, die circa 1 Rthlr. kosten können.

Aber ein Feind wird oft allen Rüben und Kohlarten sehr gefährlich, und verringert deren Ertrag beträchtlich. Dies sind die gewöhnlichen Kohlraupen. Der Schade ist bei der Rotabaga für den Landwirth von Bedeutung, indem von 100000 Pfd. dieses Gewächses das Kraut um die Mitte des Septembers allein 44000 Pfd. wiegt, welches eine Menge Viehfutter liefern kann. Die bekannten weißen Schmetterlinge legen ihre Eyer auf diese Pflanze, und in einem heißen Sommer gehet durch dieses Insekt das Kraut zuweilen gänzlich verloren. — Einige wollen die Raupen durch brennennenden Schwefel, der zwischen den Reihen durchgezogen wird, andere durch aufsprüzendes Seifenwasser, noch andere durch Pulverknall vertilgen. Ich habe diese und mehrere Mittel versucht; aber keines hat die gerühmten Dienste geleistet.

Ein einziger Ausweg ist mir bekannt, ganz große Kohl- und Rotabagafelder von diesem Uebel zu befreien. Mir schien die Sache anfänglich nicht ausführbar; allein der sichtbare Erfolg überzeugte mich von der Möglichkeit. Einer meiner Freunde, der durch die Raupen oftmals großen Schaden erlitten hatte, ließ um die Zeit, da die Raupen aus ihren Eyern kriechen, einige vernünftige Tagelöhnerweiber und halberwachsene Kinder auf seinen ansehnlichen Kohl und Rotabagafeldern, vier Wochen lang, täglich zwischen den Reihen auf- und abgehen. Jede ganze Raupenfamilie, so wie sie lebendig wird, bildet einen kleinen Kreis, der sich in etlichen Tagen nicht zerstreuet, sondern auf der Stelle das Blatt durchfrißt. Der Raupenkreis fällt durch die dunklere Farbe gleich ins Auge. Die einzelnen Blätter mit diesen jungen Raupen werden, wie sie nach und nach hervorkommen, abgebrochen, in Schürzen gesammelt, und am Ende der Felder auf Haufen geworfen, wo sie täglich abgeholt, und dem Federvieh und Schweinen vorgeworfen werden. Ein Weib kann eine Fläche von 8 Morgen zu 25950 rheinl. □Fuß von Raupen rein halten, wofür das vierwöchentliche Tagelohn, zu 4 Gr. den Tag, überhaupt circa 4 Rthlr. beträgt. Der Krautverlust von solchen 8 Morgen würde 352000 Pfd. Futterung betragen haben. Durch diese Procedur errettet man also, die größere Nübenmasse ungerechnet, 3000 Pfd. Futterkraut für einen guten Groschen.

Uebrigens werden diese Rotabagen, wie die Kartoffeln und übrigen in Reihen stehenden Brachgewächse, zwischen den Reihen, durch den Schaufelpflug von Unkraut rein gehalten; zwischen den Rüben aber selbst bedient man sich zur Auflockerung des Bodens und zur Vertilgung des Unkrauts vor dem Anhäufen der Handhacken. Es trägt zum bessern Gedeihen des Gewächses viel bei, wenn von Zeit zu Zeit die Erde durch den Häufelpflug an die Pflanzen hinangepflügt, und durch einen andern kleinen Pflug mit einem Streichbrett die Erde von den Rüben wieder abgepflügt wird. Da das Abpflügen der Erde aber nur von geschickten Pflügern geschehen kann, so muß ich es dahin gestellt seyn lassen, ob man dies beim erstmaligen Anbau derselben ausführen zu können hoffen kann, widrigenfalls solches vorerst noch unterlassen werden muß. Sind diese Rüben aber schon etwas herangewachsen, so werden sie einmal, doch nicht zu stark, mit dem Häufelpflug angehäuft.

Nach Beschaffenheit des Klima, im Herzogthum Schleswig z. B., werden mit Ende Septembers oder Anfang Oktobers die Blätter nach und nach abgebrochen und verfüttert. Wenn die Blätter abgefüttert sind, so ist die Ernte derselben ganz leicht. Die kürzeste Methode ist, dieselben, ohne sie zu verletzen, mit gewöhnlichen Mistforken aus der Erde zu heben, wobei man sie zugleich bei trockner Witterung über der Erde liegen läßt, um etwas abzuwelken. Die noch hin und wieder daran sitzenden Blätter oder Strunken werden abgenommen und verfüttert, die Rüben selbst aber nach Haus gefahren, und an trocknen Stellen verwahrt, bis sie verfüttert werden können. — — Sie werden auf der anfänglich erwähnten Verkleinerungsmaschine zerschnitten; doch ist zu bemerken, daß diese Verkleinerung am geschwindesten geschiehet, wenn nicht mehr als 2 bis 3 Rüben auf einmal zum Verkleinern in den an der Maschine befindlichen hölzernen Trichter geworfen werden, die dann so schnell zerschnitten sind, daß der sie einwerfende Mensch in beständiger Bewegung bleibt.

3) Kohlrübe (Brassica oleracea, napo brassica), von einigen auch Steckrübe genannt, wächst ebenfalls unter der Erde, und ist ein der Rotabaga sehr ähnliches Gewächs. Sie wird in der Kultur genau wie letztere behandelt. Man hat zwei Arten davon: die eine ist inwendig

gelb, die andere ist weiß. Der Ertrag von beiden ist gleich ansehnlich. Man wähle aber die gelbe Art. Diese ist süßer, und wird bei weitem nicht so stockig oder holzig, als die weiße. Nach Einhoffs Untersuchung enthalten sie 87½ Prozent wäßrige Theile; 6½ Prozent zuckrige Materie in trocknem Zustande; 5½ Prozent Faserstoff, und ½ Prozent Pflanzen-Eiweiß; überhaupt 12½ Prozent feste, nahrhafte Substanz.

4) Kohlrabi (Brassica oleracea gongyloides), ist in Kultur und beinah in allen Stücken der Rotabaga und der Kohlrübe gleich; wächst aber über der Erde, und darf nicht stark, sondern nur mit einem kleinen angeworfenen Hügel behäuft werden. Sie giebt ein fettes und nahrhaftes Futter, gleich den vorgenannten beiden Gewächsen, für alles Vieh, und ist so dauerhaft im Winter, wie jene. Sie wird im Herbst ebenfalls zu Viehfutter abgeblattet. Man erntet diese Kohlrüben, indem man sie mit einer stumpfen Sense abhauet, oder mit einem scharfen Spaten absticht, oder mit den Händen ausziehen läßt.

5) Weißkohl (brassica oleracea) oder Kopfkohl. Ein bindiger an Dammerde reicher Boden ist für ihn der passendste, wo er einen über-

aus hohen Ertrag giebt. Aber auch in stark gedüngtem und wohlbearbeiteten Mittelboden trägt er sehr reichlich. Er wird, wie die letztgenannten drei Gewächsarten, in 2 Fuß breiten Reihen gepflanzt, doch erhält jede Kohlpflanze von der andern eine Entfernung von einer Elle oder 2 Fuß. Ihre Kultur ist übrigens die der Rotabaga. Auch dürfen die Pflanzen gleich jenen nicht stark angehäuft werden, weil die Köpfe sich sonst nach einer Seite lehnen, ihre Wurzeln losziehn, und von Dürre leiden. Die Ernte ist leicht. Man hauet die Kohlköpfe mit einer alten Sense ab, und fährt sie mit den noch daran festsitzenden Blättern nach Hause, wo man alles gleich zu verfuttern sucht, weil es wegen des großen Raums, den sie einnehmen, beschwerlich, und wegen ihrer Empfindlichkeit gegen den Frost mißlich ist, sie lange aufzubewahren. Die auf dem Acker liegengebliebenen Kohlblätter läßt man am bequemsten nach und nach allda von dem Viehe selbst aufzehren.

6) Runkelrüben (beta cicla, ist der botanische Name der Art; dies ist die Abart). Dieses Gewächs giebt im Herbste durch sein starkes Kraut viel saftiges Futter für die Milchkühe; die Wurzel aber kömmt in Ansehung der Nahrhaftigkeit

der Rotabaga nicht gleich, und stehet derselben an Quantität im Ertrage weit nach.

Zufolge Einhofs Analyse enthält die Runkelrübe $86\frac{3}{8}$ Prozent wässerige Bestandtheile, $10\frac{1}{4}$ Prozent zuckrige Materie, $3\frac{1}{8}$ Prozent Faserstoff, und $\frac{1}{4}$ Prozent Pflanzen-Eiweiß: überhaupt $13\frac{5}{8}$ Prozent festen Nahrungsstoff.

Man kann die Runkelrüben völlig auf dieselbe Art, wie die Rotabaga, durch Anpflanzung bauen. Doch ist dieser Kultur auf starkbedüngtem tiefen und reinen Boden, der eine gartenmäßige Vorbereitung durch hinlängliches Pflügen und klares Eggen erhalten hat, nachstehende vorzuziehn.

Auf dem gewalzten Boden werden die Reihen mit einem Markör, der bei dem Möhrenbau in der Folge näher beschrieben wird, in einer Entfernung von 18 Zoll auf dem Acker gezogen. In den vom Markör gezogenen Reihen macht eine Person mit einem Stäbchen, welches durch ein Querhölzchen zu tief in die Erde zu dringen verhindert wird, kleine Löcher von etwa $\frac{1}{2}$ Zoll Tiefe. Es wird jedem leicht seyn, eine Vorrichtung zu treffen, daß mit mehreren solchen Hölzchen auch mehrere Saatlöcher zu gleicher Zeit von einer Person gemacht werden können. Der Unsicherheit des Aufgehens jedes Samenkorns willen erhalten diese Löcher nur eine 6zöllige Entfernung von einander. Jener Person folgt eine zweite, welche in jedem dieser Löcher ein Samenkorn der Runkelrübe legt. Dieser folgt ein dritter Mensch auf dem Fuße nach, und bedeckt mit einer umgekehrten Harke von der einen Seite der markirten Erdreihe jedes eingelegte Samenkörnchen mit ¼ bis ½ Zoll Erde. Es ist nicht gut, die mit dem Markör gezogene Reihe durchaus mit der umgekehrten Harke wieder zu ebnen, damit die Spur derselben beim Jäten leicht wieder gefunden und verfolget werden könne. Da die Pflanzen nicht näher als 12 Zoll stehen dürfen, so kann dann eine Pflanze um die andere weggehackt werden.

Diese Methode, den Samen gleich auf der Stelle zu säen, wo die Runkelrüben wachsen sollen, welches im Frühjahr so früh, als die Fröste es gestatten, geschehen muß, ist dem gewöhnlichen Verpflanzen vorzuziehn, da hier die Runkeln viel größer nnd vollkommener werden, und ihr Anbau weniger mißlich ist. Aus einem Samenkorn wachsen oft mehrere Pflanzen. Man hat die Gewohnheit die doppeltstehenden wegzunehmen, und nur eine Pflanze stehen zu lassen;

aber man schadet den einzelnstehenbleibenden durch das Ausziehen der übrigen, und es ist aller Erfahrung nach vortheilhafter, mehrere aus einem Samenkorn gewachsene Pflanzen auf der Stelle stehen zu lassen, wo jede derselben auf reich gedüngtem Lande, ihre Vollkommenheit erreicht. Uebrigens werden sie, in Absicht des rein zu haltenden Bodens, und des Auflockerns desselben, wie die Rotabaga und andere Brachgewächse behandelt. Doch ist es der Natur dieser Rübe gemäß, daß man solche von der sie umgebenden Erde eher zu befreien, als anzuhäufen sucht.

Ihre Blätter werden, wie die der Rotabaga, im Herbste, wo möglich schon vor dem Aufnehmen der Wurzeln, verfüttert. Die Ernte der Runkeln geschiehet in mürbem Boden, durch Aufziehn mit der Hand; in festerem durch Ausheben mit Forken, auch mit Spaten. Aufgeschichtet zwischen Sand- oder besser zwischen Strohlagen pflegen sie sich am sichersten zu konserviren. Am besten ist es, sie bald zu verfüttern, denn sie sind gegen Frost sehr empfindlich.

7) Die **Möhren** (daucus carota), enthalten nach Einhofs chemischer Untersuchung $86\frac{1}{8}$ Prozent Wäßrigkeit, $8\frac{1}{8}$ zuckrige Materie, $4\frac{5}{8}$ Faser-

stoff und $\frac{7}{8}$ Pflanzen-Eiweiß, überhaupt $13\frac{5}{8}$ Prozent feste nahrhafte Theile.

Sie vertragen anhaltende Dürre und nasse Witterung; sind nicht den Verheerungen der Raupen, nicht dem Mehlthau ausgesetzt, und eins der sichersten und zuträglichsten Gewächse. Dem Milchvieh verfüttert man sie mit Vortheil. Für die Ochsen sind sie sehr mästend. Mit 60 Pfd. Möhren täglich, und hinlänglichem Heu, unterhält man die Pferde bei strenger Arbeit, und auch für die Schweine geben sie ein sehr gedeihliches Futter.

Die Möhren haben die besondere Eigenschaft, daß sie ergiebiger werden, wenn man sie mehrere Jahre auf einem und demselben Lande erbauet. Die größte Beschwerde bei ihrer Kultur findet sich in dem gehörigen Reinhalten von Unkraut, welches bei dieser Wurzel schwieriger als bei allen andern Brachfrüchten, besonders beim erstmaligen Jäten ist.

Der vorzüglichste Boden für sie ist ein sandiger, tiefer reicher Lehm. Es ist durchaus nothwendig, das zu ihrem Anbau bestimmte Land schon im Herbst 10 bis 12 Zoll tief zu pflügen, welches am leichtesten durch zwei unmittelbar einander folgende Pflüge geschehen kann. Ueberhaupt muß der Boden zu den Möhren und allen übrigen Wurzelgewächsen,

wächsen, durch mehrmaliges Pflügen, so locker und tief als möglich bearbeitet werden. Mit der letzten nicht tiefen Fahre wird im Frühjahr der wohlverrottete Dünger, am besten Erdkompost von der grünen Stallfütterung, untergebracht. Nach des Hrn. Staatsrath Thaer Bemerkungen, in den Zusätzen zum 1sten Theil der englischen Landwirthschaft, gerathen die Möhren am besten in reichem, lockern und reinen Boden, nach einmahligem tiefen Pflügen im Herbst oder Frühjahr.

Alter Same ist sehr mißlich, und man thut wohl, den Samen selbst aufzuziehn, um mit Sicherheit frischen Samen zu erhalten. Man hat dadurch den Vortheil, daß man die größten und vollkommensten Möhren zum Samentragen wählen, und zugleich die Art sehr verbessern kann. Der Same der Möhren ist sehr leicht, und hängt sich gern aneinander, deswegen man andere Substanzen, als Sägespäne, Sand, Asche, Erde u. dgl. mit demselben verreiben und vermengen muß, damit der Same auseinander gehn und gleichförmig gesäet werden könne.

Die Möhren, nachdem die Witterung kalt oder warm ist, laufen früher oder später auf, und erfordern oft 5 bis 6 Wochen, ehe ihr Kraut sichtbar wird. Es scheint von guter Wirkung zu seyn, wenn der Same, bevor man ihn säet, 24 Stunden in Regenwasser eingeweicht wird, und wenn man ihn ausgebreitet bis zum Keimen liegen läßt, da er dann zuletzt mit Sägespänen und dergleichen so innig als möglich vermengt werden muß. Amos, ein Engländer, der diese Methode angiebt, versichert, daß die Pflanzen durch das vorherige Einweichen schon nach 8 bis 10 Tagen erscheinen; und hiebei wäre sehr viel gewonnen, weil das erste Jäten des Unkrauts dadurch sehr erleichtert wird. Indeß ist es wohl noch nicht durch unbezweifelte Erfahrungen erwiesen, ob dieses Einweichen des Samens dem nachherigen vollkommneren Wachsthum der Möhren nicht nachtheilig sey; und es wäre zu wünschen, daß hierüber hinlängliche Versuche angestellt würden, um diesen für die Möhrenkultur wichtigen Punkt in Gewißheit zu setzen.

Die Möhren können auf dreierlei Art gesäet werden, und geschiehet es gewöhnlich um die Mitte des Aprils:

a) Mit der Hand breitwürfig. Bei dieser Methode ist aber das Jäten, wie die Bearbeitung derselben, höchst schwierig. Außerdem wird der Bau dieses Gewächses durch die Handarbeit weit kostbarer, und der Gewinn geringer.

b) Mit der Drillmaschine, wobei vorher der Same mit Erde oder Sägespänen gerieben und gemengt wird. Dies kann aber, obgleich diese Methode sonst leicht ist, doch hier nicht angewandt werden, weil vorausgesetzt wird, daß es in diesen Wirthschaften noch vorerst an einer solchen vollkommenen Maschine fehlt.

c) Wird der Möhrensame mit der Hand in Reihen gesäet, da sie nachher durch Handarbeit und mit dem Schaufelpfluge sehr leicht bearbeitet werden können. Um diese Reihen, welche auf dem Acker gezogen werden sollen, zu bezeichnen oder sichtbar zu machen, ist ein sogenannter Markör nöthig, der wie eine große, weitgezahnte Harke gestaltet ist, und den man, nach der gartenmäßigen Instandsetzung des Landes, zum Reihen- oder Furchenziehen gebraucht.

Der unterste Theil dieses Markörs besteht aus einem 6 Fuß langen, 3 bis 4 Zoll im Viereck haltenden Stück Holz. In diesem Holze oder dünnen Balken sind fünf eiserne 1 Zoll breite Zähne, in 14zölliger Entfernung angebracht; in der Mitte desselben aber ein Stiel so befestiget, daß das Ganze die Gestalt einer großen Gartenharke erhält.

Mit diesem Markör zieht ein Mann, vier Reihen oder Furchen von 14 Zoll Distanz auf einmal, wo sie auf dem gewalzten Boden sehr sichtbar werden. Damit jedoch diese Reihen, die möglichst gerade Richtung erhalten, so ist es gut, die ersten längs einer stramm ausgespannten Schnur zu ziehen. Ist die erste Reihe oder Furche nach einer solchen Schnur gezogen, so erhalten alle übrigen dieselbe Richtung, indem bei dem fernern Reihenziehen der erste Zahn des Markörs, wieder in diejenige Reihe gesetzt wird, welche der letzte Zahn gezogen hat.

Diese markirten Reihen werden mit einer unten spitz zulaufenden Handhacke, der Länge nach durch einen Menschen etwa einen Zoll vertieft, welche Arbeit sehr geschwind von statten geht. In diese Vertiefungen oder Furchen wird von einem andern Menschen der Möhrensame dünne gestreuet. Ein dritter folgt dem Säenden auf dem Fuße nach, und bedeckt mit einer umgekehrten Harke von der einen Seite der Furche mit einem $\frac{1}{4}$ bis höchstens $\frac{1}{2}$ Zoll Erde den eingesäeten Samen dergestalt, daß die Erde, welche mit der Spitzhacke an beiden Seiten der Furche etwas ausgeworfen war, an der einen Seite erhöhet gelassen wird und sichtbar bleibt, damit die Spur derselben beim nachherigen Jäten leicht wieder gefunden und verfolgt werden könne.

Vorausgesetzt, daß der Same von vollkommener Güte ist, gehören zu einem Morgen Landes von 180 zwölffüßigen rheinl. □Ruthen $1\frac{1}{2}$ bis $1\frac{3}{4}$ Pfund Same, wenn solcher in Reihen gesäet werden soll. Diesen Samen vermischt man mit $\frac{1}{2}$ Berliner Scheffel Erde oder Sägespänen. — Wird hingegen breitwürfig gesäet, so sind 3 bis $3\frac{1}{2}$ Pfund Same erforderlich, die mit einem ganzen Scheffel Erde vermengt werden.

Ungeachtet jene Operation, die Möhren hinter dem Markör in die durch eine Spitzhacke etwas vertiefte Furche reihenweise zu säen, etwas langsam und umständlich scheint: so ist doch in Ansehung der Kosten, der Mühe und der Sicherheit des Gedeihens der Möhren, diese Methode allen übrigen vorzuziehn.

Nach etwa fünf bis sechs Wochen kommen die feinen zweispitzigen dünnen Keimchen der Möhren aus der Erde; aber weit früher ist gewöhnlich schon das ganze Land mit Unkraut überdeckt. Wollte man mit dem Jäten zögern, bis die ersten feinen Krautspitzen der Möhren hervorgekeimt sind, so würden beim Ausreißen des jetzt stark gewurzelten Unkrauts ein Theil der kleinen Möhrenpflanzen mit aufgezogen, und die übrigen noch stehen bleibenden gewöhnlich so verletzt werden, daß nur in seltenen Fällen eine reichliche Ernte zu erwarten wäre. Bei der vorbeschriebenen Operation der Saatbestellung aber geht man sicher. Das Unkraut wird nämlich ungefähr drei Wochen nach der Möhrensaat, je nachdem das Unkraut stärker oder schwächer hervortreibt, wenn die Möhren noch nicht hervorgekommen sind, ausgejätet. Dieses Jäten geschiehet aber bei der angegebenen Saatbestellung nur in den Reihen selbst, die noch hinlänglich kenntlich und leicht zu finden sind. Zwischen den Reihen hingegen wird das Unkraut mit dem Schaufelpfluge, der nach der Breite dieser Zwischenräume gestellt wird, abgeschaufelt. Etwa drei Wochen darnach muß dieselbe Operation wiederholt werden; aber mehrentheils haben dann die Möhren vor dem zweiten Unkraut einen Vorsprung gewonnen, und sind bei der Arbeit leicht von diesen zu unterscheiden. Dieses zweimalige Jäten ist das beschwerlichste bei dem Möhrenbau, weil bei anderen Methoden die feinen Möhrenpflanzen leicht übersehen und mit ausgezogen werden. Wie sehr es aber erleichtert wird, wenn man die Möhren in Reihen gesäet hat, deren Spur fortdauernd kenntlich bleibt, und wenn man auf vorbeschriebene Weise dabei verfährt, muß jedem einleuchtend seyn, der die mancherlei

Schwierigkeiten und die verschiedenen Kulturweisen der Möhren praktisch kennt.

Wenn die Möhren etwas heran gewachsen, und vom Unkraut stärker zu unterscheiden sind, so kann letzteres schon durch die Handhacke vertilgt, und das mühsame Jäten mit der Hand erspart werden. Die Hacke darf aber nicht breiter als 3 Zoll seyn. Zugleich werden mit derselben Arbeit die Möhren zum erstenmal am sichersten nur bis zu einer Entfernung von 4 bis 5 Zoll verdünnt; zwischen den Reihen hingegen bedient man sich noch immer des Schaufelpflugs zum Reinigen. Bei dem zweiten Verdünnen der Möhren mit Handhacken, welches ungefähr vier Wochen darnach geschiehet, wird den Pflanzen eine Entfernung von 8 bis 9 Zoll gelassen. Der starke Wuchs und der reichliche Ertrag der Möhren beruhet ganz auf das Behacken und Verdünnen derselben. Nichts ist schädlicher, als die Schonung der zu dicht stehenden Pflanzen, und man muß darauf halten, daß von den Arbeitern die innerhalb vorangegebener Distanz stehenden jungen Möhren frisch von der Faust weggehackt werden.

Sollte sich nach einiger Zeit abermals Unkraut und überflüssige junge Pflanzen zeigen, so muß das Behacken zum drittenmal, so wie das Schaufeln wiederholt werden. Dies trägt zur Verstärkung der Wurzeln und zur vollkommensten Reinigung des Landes, ungemein bei.

Obgleich einige Versuche gezeigt haben, daß das frühe Abschneiden des Krauts zu Viehfutter für die Möhren nicht so nachtheilig, wie für die Kartoffeln, Rüben rc. rc. sey, so ist die Zahl dieser Versuche doch noch zu gering, um sich darauf zu verlassen. Die Wurzeln des Krauts wegen früher aufnehmen zu wollen, ist eben so wenig anzurathen, weil mehreren Erfahrungen nach diese Möhren im Winter nicht wohl ausdauern. Sicherer verfährt man, wenn die Möhren erst dann aufgenommen werden, wenn das Kraut zu bleichen und welken beginnt. Das Kraut hat dann noch als Viehfutter viel Werth, und die Möhren haben die erforderliche Reife, welche dieselben zuverläßiger durch den Winter konserviret.

Das Aufnehmen der Möhren selbst geschiehet am besten mit einer dreizackigen Mistforke. Es wird das Kraut dann abgeschnitten und zu Viehfutter benutzt; die Wurzeln selbst werden nach Hause gefahren.

Ehe man die Möhren in ihr Winterlager bringt, muß man sie auf der Tenne in der Scheune, oder an irgend einer andern Stelle, wo die

Zugluft sie durchziehen kann, abwelken lassen. So behandelt, hat es mit ihrer Aufbewahrung wenige Schwierigkeit. Man kann sie nun in eigenen dazu eingerichteten Behältnissen unter den Getreidetassen in den Scheunen, wie bei den Kartoffeln angegeben ist, oder in Sand- oder Strohschichten durchwintern. Wo man aber eine überaus große Möhrenernte hat, da wird wohl kaum in den Wirthschaftsgebäuden eine geräumigere, trocknere und dem Froste besser widerstehende Stelle zu ihrer Aufbewahrung vorhanden seyn, als der Scheunenraum, wo das Getreide schon ausgedroschen ist, da es um die Zeit an Stroh nicht fehlt, den untern Boden, die Seiten, wie die Decke ihres Winterlagers dadurch wider den Frost zu sichern.

8) Die Pastinaken (pastinaca sativa), sind ein vorzügliches Futtergewächs. In manchen Eigenschaften übertreffen sie die Möhren, und besonders darin, daß sie den Winter über in der Erde ausdauern. Bald nach Abgang des Winters treiben sie ihr neues Kraut, und liefern ein frühes Grünfutter zu einer Zeit, da es ganz daran fehlt. Die Wurzeln selbst aber geben eine eben so kräftige, als dem Viehe angenehme Nahrung, wonach besonders die Milch sich reichlich vermehrt, und die But-

ter an Farbe und Geschmack, der besten Grasbutter vollkommen gleich wird. Auch zu Mastfutter eignet sich diese Wurzel eben so gut, wo nicht besser, wie die Möhren.

Wo der Boden für die Möhren zu schwer ist, bauet man noch immer mit Vortheil die Pastinaken. Sowohl die Vorbereitung des Landes, als die übrige Kultur dieses Gewächses, ist von der der Möhren gar nicht verschieden. Es wäre daher überflüssig, dieserwegen hier alles nochmals zu wiederholen, und ich werde über ihre Kultur nur sehr wenig hinzuzufügen haben.

Man säet auf einen Berliner Morgen $2\frac{1}{2}$ Berliner Metzen, oder $5\frac{1}{2}$ bis 6 Pfund Pastinakensamen, der allenfalls, um dessen gleichmäßige Vertheilung in den Furchen zu befördern, mit $\frac{3}{4}$ Scheffel Erde vermenget werden kann. Es ist nützlich, den Samen, ehe man ihn aussäet, eine Stunde in Wasser zu weichen, und nach diesem Zeitraum diejenigen Körner, welche noch auf der Oberfläche schwimmen, von den übrigen abzusondern, weil diese theils aus unfruchtbarem, theils aus schlechten Saamen, der kleine Wurzeln bringt, bestehen.

Um diese Pastinaken auf das Höchste zu benutzen, muß man sich begnügen, im Herbste das Kraut allein zu ernten, und zu verfüttern; die

Wurzeln aber den Winter über im Acker stehen zu lassen. Im Frühjahr verfüttert man nach und nach, zuerst das früh hervorkommende grüne Kraut, und wenn man will, dazwischen mit hinlänglich feingeschnittenen Hechsel vermischt, die verkleinerten Wurzeln, welche aber eben so gut für sich verfüttert werden können.

Während dem Verfüttern dieses Gewächses im Frühjahr, läßt sich der fluide werdende Dünger sehr gut mit Erde vermischen, und ein treflicher leicht ausführbarer Düngerkompost davon bereiten, welches bei andern Brachfrüchten, die im Winter verfüttert werden, nicht so leicht thunlich ist, da es im Winter an trockner Erde zum Vermischen mit dem Dünger fehlt. Besonders ist dies beim ersten Beginnen mit dem Brachfruchtbau, im Anfange einer neuen Fruchtwechselwirthschaft, wo es noch an hinlänglichem Streustroh gebricht, zur Düngervermehrung eine sehr nützliche Operation.

Will man aber die Pastinaken noch im Herbst ernten, so werden sie auf dieselbe Weise aufgenommen und aufbewahrt, wie die Möhren.

9) Die Rüben (brassica rapa) gehören bisher zu den gewöhnlichen Gewächsen auf den Brachschlägen der Fruchtwechselwirthschaften. Es

würde eben so schwierig als nutzlos seyn, alle Rübenarten hier aufzuzählen. Sie sind am natürlichsten in zwei Hauptarten zu theilen, nämlich in lange, wozu die große, lange, braunschweigsche Rübe gehört; und in runde, wovon man viele Abarten hat, die sich theils durch ihre Farbe, theils durch ihre länglicht-, theils durch ihre plattrunde Gestalt unterscheiden.

Das Land zum Rübenbau wird folgendermaßen vorbereitet. Man giebt demselben im Herbste für die lange Rübenart eine Fahre von 9, und für die runde von 6 Zoll Tiefe, vorausgesetzt, da der Untergrund der Ackerkrume die erst beregte Tiefe erlaube. Man läßt das gepflügte Land den Winter hindurch rauh liegen; im Frühjahr aber, sobald der Boden trocken ist, wird solcher klar und scharf abgeegget, wodurch eine Menge Unkraut, besonders der Hedrich und Ackersenf, hervorgelockt wird, welches man darnach bei einiger Größe unterpflügt. Sobald das Land die zweite Fahre erhalten hat, so wird dasselbe wiederum sehr viel geegget, um neues Unkraut hervorzulocken, und man verfährt mit dem Unterpflügen desselben, wie das erstemal. Je öfter diese Operation wiederholt werden kann, desto mehr Unkraut wird vertilgt, um so fruchtbarer und lockrer wird der Boden, und desto höher der Ertrag der Rüben. Um die Mitte des Junius wird der Dünger untergebracht, dem Lande durch Eggen und Walzen ein gartenmäßiges Ansehn gegeben, und mit dem Säen der Anfang gemacht.

Man kann die Rüben breitwürfig und in Reihen säen. Indeß ist die breitwürfige Saat für Gewächse, die nachher einer sorgsamen Handbearbeitung bedürfen, nicht empfehlenswerth, weil wir durch die Drillkultur größere und wohlfeilere Rübenernten erhalten können. Wir wählen daher gegenwärtig letztere Methode.

Der Samen wird mit der bereits erwähnten Rübendrille, in Reihen von 18zölliger Entfernung, $\frac{3}{4}$ bis höchstens 1 Zoll tief, ausgesäet. Die erste Reihe wird längs einer gespannten Schnur gezogen, und um der folgenden die gleiche Entfernung zu geben, ist an der Rübendrille ein Markör angebracht, der so weit gestellt wird, als man die Entfernung der Reihen von einander zu haben verlangt. In diesen vom Markör gezogenen kleinen Furchen oder Reihen, läßt man die Drillmaschine gehen, welche die Reihen vertiefet, und den Samen in dieselben einstreuet. Zuletzt, sobald das Land zugesäet worden, wird solches mit einer gewöhnlichen Walze überzogen, wofern nicht schon an der Handdrille eine eigne Walze angebracht ist.

Wenn endlich die Rüben aufgekommen sind, und ihre vier Blätter erhalten haben, so ist die Zeit da, solche zum erstenmal zu lockern und von Unkraut zu befreien, wozu man sich zwischen den Reihen des Schaufelpflugs und in den Rübenreihen selbst der Handhacken bedient. Bei diesem erstmaligen Handhacken der Rüben werden dieselben zugleich bis auf 4 bis 5 Zoll Entfernung verdünnt, indem sie sonst ihr Kraut in die Höhe drängen, statt dasselbe an der Erde auszubreiten. Auf mit vielem Hedrich erfüllten Boden, ist dies erste Behacken der Rüben sehr schwierig, und oft unausführbar, weil die Rübenpflanzen und der Hedrich von gewöhnlichen Arbeitern nicht leicht zu unterscheiden sind. Man ist in diesem Fall, um statt des Hedrichs nicht die Rüben weggehackt zu sehen, zuweilen genöthiget, das Hacken und Verdünnen derselben so lange auszusetzen, bis die Blüthen des Hedrichs hervorbrechen, da er dann erst sicher von den Rüben unterschieden werden kann. Muß diese Arbeit so lange verzögert werden, so ist dies dem Wuchs der Rüben sehr nachtheilig. Wenn viel Hedrich und Ackersenf in dem Boden ist, so ist es rathsamer, den Schaufelpflug schon dann zwischen den Reihen gehen zu lassen, sobald die Rübenpflanzen aus der Erde hervorgekommen sind, und den Boden noch nicht bedecken, da man wenigstens die gezogenen Reihen, worin die Rüben gesäet sind, an ihrer Vertiefung noch wird unterscheiden können. Die genaue Beobachtung dieses Zeitpunkts wird den Rübenbau höchst erleichtern, weil so das Unkraut das ganze Feld nicht undurchdringlich überziehen, sondern das Land wenigstens zwischen den Reihen offen gehalten werden kann. Ueberhaupt ist der Rübenbau nirgends anzurathen, als da, wo der Acker schon einigermaßen von Unkraut befreiet ist.

Ungefähr nach 3 Wochen geschiehet das zweite Handhacken und Schaufeln mit dem Pflug, welches weit minder schwierig als das erstemal ist, da nun schon die Rübenpflanzen von dem Hedrich zu unterscheiden sind. Bei diesem zweiten Behacken werden die Rüben bis zu einer Entfernung von 8 bis 9 Zoll verdünnt. Daß die Handhacke immer nur zwischen den Rüben selbst, zwischen den Reihen aber der Schaufelpflug zur Reinigung des Unkrauts gebraucht wird, bedarf wohl kaum der Erinnerung.

Wenn der Boden mit Unkraut sehr überhäuft ist, so schießt dasselbe auch wohl noch zum drittenmal hervor, in welchem Fall man die nochmalige Bearbeitung und Reinigung durch Handhacke und Schaufelpflug nicht unterlassen darf, da der Vortheil einer höchst reinen Rübenkultur auch für den nachherigen Getreidebau von großem Einfluß ist.

Bei gehöriger Bearbeitunng der Rüben schließt auch endlich das Kraut derselben dicht zusammen, und bebrütet zuletzt den Boden.

Wenn endlich das Kraut der Rüben zu welken anfängt, so wachsen die Rüben nicht mehr, und die Zeit ist da sie zu ernten. Man läßt sie mit der Hand ausziehen, und die Rüben mit dem Kraut nach den Hof fahren, wo man solche von ihrem Kraut befreiet, dasselbe verfüttert, die Rüben aber selbst abwelken läßt, und sie, wofern die Ernte zu groß ist, um sie im Herbste zu verfüttern, in ihr Winterlager bringt, welches auf eben die mancherlei Weisen, wie die Aufbewahrung der Kartoffeln, geschehen kann; weshalb Wiederholung hier überflüssig seyn würde.

Der Rübenbau ist vielen Unfällen ausgesetzt. Die eben aus der Erde hervorkeimenden Pflanzen werden oft von den Erdflöhen angefallen, die zuweilen die ganze Saat vernichten. Man hat unzählige Mittel angerathen, um dieses Insekt zu zerstören; allein ob jene gleich in einigen Fällen

sich

sich wirksam bewiesen haben, so hat man sie doch auch eben so oft unbewährt befunden. Ein guter Regen, den dieses Insekt nicht wohl erträgt, und durch welchen die jungen Pflanzen demselben entwachsen, kann ihren Verheerungen ein Ziel setzen. Wir sind außer Stand, etwas anderes dagegen zu thun, als daß wir die erste Vegetation des Keims durch hinlänglichen Dünger möglichst befördern; daß wir allenfalls den Samen durch Einweichen in Wasser zur schnelleren Entwickelung bringen, und denselben in frisch gepflügtem Boden wo möglich beim Anschein zum Regen zu säen suchen.

Ein anderer Feind für die Rüben sind die Raupen. Sie kommen später, wenn die Rüben schon zum Behacken herangewachsen sind. Das Ueberziehen mit der Walze, welches den Rüben wenig nachtheilig ist, hilft hingegen merklich.

Auch leidet dies Gewächs oft vom Mehlthau. Das Kraut schrumpft zusammen, und die Rüben hören auf zu wachsen.

Aus allem diesen ergiebt sich, daß die Rüben ein sehr mißliches Gewächs sind. Da wo die Erdflöhe sich eingenistet haben, thut man immer besser andere Futtergewächse an deren Stelle zu bauen. In sehr großen Wirthschaften aber, wo man den ganzen Brachschlag nicht früh genug mit andern Gewächsen bepflanzen oder bestellen kann; oder wo man in düngerreichem Boden vor der Rübenbestellung erst einen Wickenertrag zu Heu nehmen will: da ist der Rübenbau sehr anzurathen. Zwischen gedrillten Bohnen kann man sie ebenfalls mit Vortheil, und auch gleich nach der Ernte in die einmal gepflügte Rockenstoppel säen, wo sie in nicht zu nördlich gelegenen Himmelsstrichen oft noch einen sehr guten Ertrag geben.

Ihre Nahrhaftigkeit ist gering. Nach Einhofs chemischer Zerlegung enthalten die weißen Rüben 91$\frac{3}{4}$ Prozent wässrige Theile; 4$\frac{7}{8}$ Prozent zuckrige Materie in trocknen Zustande; 2$\frac{7}{8}$ Prozent Faserstoff und $\frac{1}{2}$ Prozent Pflanzen-Eiweiß; überhaupt 8$\frac{1}{4}$ Prozent feste nahrhafte Substanz.

10) Kleine Pferdebohnen (vicia faba, ist der botanische Name der Art; dies ist eine Abart). Das Land wird dreifahrig bestellt. Der Dünger wird, wenn er lang und strohig, im Herbst, oder wenn er wohl verrottet ist, vor der Saat mit der letzten Fahre untergebracht und das Land klar abgeegget.

Diese Bohnen können früh gesäet werden, denn durch späte Saat wird die Ernte geringer. Eine breitwürfige Saat ist auch bei dieser Frucht nicht anzurathen, weil ein Theil derselben durch das Eggen nicht genugsam mit Erde überdeckt wird, und diese bald nach dem Aufgehen vertrocken, weil ferner die breitwürfige Saat den Ertrag der Bohnen durch die kostbare Handarbeit vertheuert, und weil der Boden bei aller Handarbeit in diesem Fall doch nicht so vollkommen, als durch den Schaufel- und Häufelpflug, vereint mit einigen Handhacken, bearbeitet werden kann. Durch das Säen in Reihen und durch die Drillkultur wird ihr Anbau wohlfeiler, der Ertrag ergiebiger, der Boden lockerer, das Unkraut sichrer vertilgt, und keine Pflanzen, wie in der breitwürfigen Saat, durch die Handarbeiter vertreten.

Man kann wohl auch die Bohnen mit einer Handdrille säen; da aber hier vorausgesetzt ist, daß in dieser Wirthschaft es an solchen Geräthen vorerst noch fehlt, so wäre folgende Saatbestellung zu empfehlen. Bei der letzten Fahre werden die Bohnen circa 2 Zoll von einander in jede dritte Furche gelegt, und flach oder nicht über 3 Zoll tief untergepflügt. Auf diese Weise kommen die Reihen 21, oder wenn man will 24 Zoll von einander zu stehen, und es sind hiezu etwa 18 Berliner Metzen oder 116 Pfund Bohnen auf einem Berliner Morgen erforderlich. Nach 6 bis 8 Tagen werden die untergepflügten Bohnen mit einer enggezahnten Egge einmal überegget, bloß um das Land zu ebnen. Man hat hiebei dieselbe Vorsicht wie beim Legen der Kartoffeln zu beobachten, nämlich daß die Bohnen in den auswendigen Winkel der Furche gelegt werden, so daß die Pferde durch ihren Tritt sie nicht aus ihrer Lage bringen. Die Stellung des Pfluges, um gleich breite Furchen zu nehmen, muß eben so geschehen, wie bei den Kartoffeln vorgeschrieben ist.

Sind die Bohnen aufgelaufen, und das Unkraut fängt an sich zu zeigen, so müssen sie gleich mit dem Schaufelpflug bearbeitet, das in den Reihen zwischen den Bohnen selbst sich findende Unkraut aber mit der Handhacke zerstöret werden. Auf eine möglichst frühe Zerstörung des Unkrauts kömmt es hier wie bei dem Bau aller gedrillten Früchte hauptsächlich an.

Wer nur einen leichten Pflug ohne Räder hat, thut wohl, die Erde von den Bohnen so abzupflügen, daß an den Bohnenpflanzen längs den Seiten der Reihen, nur 2 bis höchstens 3 Zoll Erde stehen gelassen wird, und zwar zuerst von der einen, und acht Tage darnach von der andern Seite ihrer Reihen. Durch das Abpflügen der Erde von den Bohnenreihen entstehet in der Mitte ein Balken zwischen den Reihen, der mit dem Häufelpflug etwa 14 Tage darnach gespalten und so die Erde desselben wieder an beiden Seiten längs dem Fuß der Bohnenreihen, von welchen sie abgepflügt war, angehäuft wird. Da indeß dieses Abpflügen, wie bereits erwähnt, nicht zu nahe an den Bohnenpflanzen, d. i. nicht näher als 2 Zoll davon geschehen muß, um dieselben nicht zu beschädigen, diese Arbeit aber einen sehr geschickten Pflüger erfordert, so wird jeder, dem ein solcher fehlt, wohl thun, sich mit dem bloßen Anhäufen der Erde mittelst des Häufelpfluges zu behelfen, und das Abpflügen derselben so lange zu unterlassen. Dieses Anhäufen ist für das Gedeihen der Bohnen von großer Wichtigkeit. Es muß wenigstens dreimal in einem Sommer, besonders gegen die Blüthezeit geschehen, und das Ansetzen und Füllen der Schoten, wird besonders dadurch befördert.

Zum erstenmal wird nur wenig, und in der Folge jedesmal mehr Erde angehäuft; aber vor jedem Anhäufen ist das zwischen den Bohnen selbst hervorgekommene Unkraut, immer erst mit der Hand auszuziehn. Je öfter zuerst das Handhakken und Schaufeln, und darnach das Häufen mit dem Schaufelpfluge wiederholt werden kann, um so vollkommener wird der Ertrag der Bohnen ausfallen. Keine Brache giebt einen mürberen und reineren Acker, als ein gehörig betriebener Bohnenbau.

Wenn die Bohnen unten ihre Schoten zu setzen anfangen, so pflegt man die Köpfe oder oberen Stengel der Bohnen abzubrechen, weil man der Meinung ist, daß dadurch die etwas hoch stehenden Blüthen um so sicherer Schoten ansetzen. Wenn sich aber die geringste Spur von Mehlthau zeigt, so ist das Köpfen eine unumgängliche Nothwendigkeit, weil der Mehlthau an den Spitzen der Bohnenstengel sich zuerst zu zeigen pflegt, und nach und nach die ganze Pflanze ansteckt.

Die Reife der Bohnen zeigt sich, wenn die Schoten schwärzlich werden. Man darf die völlige Reife aller Schoten nicht abwarten, da die untersten Bohnen schon überreif sind, und durch abwechselnden Regen und Sonnenschein aufspringen und ausfallen würden, ehe die obersten noch ihre vollkommene Reife erlangt haben. Man muß sie zu ernten anfangen, wenn etliche der unteren Schoten nach dem ersten Viertel der Mitte hinauf schwarz zu werden beginnen.

Man schneidet die Bohnen mit der Sichel ab, oder mähet sie mit der Sense. Mit letzterer lassen sich zwei Reihen quer über auf einmal mähen. Die Bohnen bleiben in Schwadten zum Trocknen liegen. Sie werden von Zeit zu Zeit behutsam gewendet, und wenn sie trocken sind, eingefahren. Besser ist es, sie vor dem Einfahren in mäßigen Gebünden aufzubinden.

Die Aufbewahrung der Bohnen hat wenig Schwierigkeiten. Sie werden wie das Getreide in den Scheunen gebanset. Wo die Beschwerde, übrigen Brachfrüchte in großer Menge im Winter aufzubewahren, dem ausgedehnten Bau derselben einige Hindernisse in den Weg legt, da können die Bohnen, wegen der leichten Art sie in Scheunen unterzubringen, deren Stelle vertreten.

Die Pferdebohnen enthalten nach Einhofs Analyse, 73 Prozent nahrhafte Substanzen, und sind ein vorzügliches Futter für Arbeitspferde; Schweine und Ochsen damit gemästet, erhalten ein festes und vorzüglich schmackhaftes Fleisch. Das Stroh zu feinem Häcksel geschnitten, giebt noch ein gutes Futter.

Ueber den Wickenbau, als das leichteste Mittel zur ersten Düngervermehrung.

Das Brachland wird, so weit der Dünger reicht, mit Wicken (Vicia sativa) bestellt. Das Land hierzu wird dreimal, nämlich im Herbst, und zweimal im Frühjahr, gepflügt, und vor dem jedesmaligen neuen Pflügen klar geegget.

In gewöhnlichen Dreifelderwirthschaften fährt man den jährlichen Dünger in der Regel erst im Sommer zwischen der beendeten Sommersaatzeit und der Heuernte auf das Brachland, wo dann der Dünger untergepflügt und zuletzt die Winterung eingesäet wird. Wenn aber durch den Wikkenbau in der Brache die Düngervermehrung auf das sicherste zu erreichen ist, so wählen wir diesen beinahe einzigen Weg, um der neuen Fruchtwechselwirthschaft vorerst diejenige Düngerquantität zu verschaffen, welche dieselbe zu ihrer Gründung auf einem in neunjährigem Düngerstand befindlichen armen Dreifelderboden bedarf, und in dieser Hinsicht muß der Dünger früher ausgefahren werden. Das nähere Verfahren ist folgendes.

Man bestimmt dasjenige Brachland, wozu der gewöhnliche jährliche Hofdünger hinreicht, — welches in der hier zum Grunde gelegten Dreifelderwirthschaft $\frac{1}{9}$ der ganzen Ackerfläche, oder von 900 Morgen nur 100 Morgen beträgt, — zum Wikkenbau. Es wird daher, sobald die Frühjahrsnachtfröste vorüber sind, die Hälfte des vollkommen zubereiteten Landes, d. i. 50 Morgen, ziemlich dick mit Wicken besäet, und nachdem diese Wicken gehörig untergeegget sind, die Hälfte des Hofdüngers über diese zugesäete Fläche sorgfältig verbreitet.

Man darf nicht besorgen, daß das Treten und Arbeiten bei solchem Ueberdüngen den bereits eingesäeten Wicken irgend nachtheilig werden würde. Die Erfahrung spricht für den jederzeit günstigen Erfolg dieser Operation. Innerhalb vier Wochen haben, bei guter Witterung, die Wicken den Dünger beinahe vollkommen überschattet; und in kalten oder trocknen Sommern sind überdüngte Wikken, wie überdüngte Hülsenfrüchte überhaupt, weit seltener dem Mißrathen ausgesetzt, als diejenigen, wo der Dünger vorher untergepflügt wurde. Auch alle nachfolgende Getreidesaaten gedeihen, der Erfahrung nach, auf vorhergegangene überdüngte Wicken besser, welches sich allein aus dem kräftigeren Wuchse derselben und der dadurch erfolgenden stärkeren Bebrütung des Bodens erklären läßt. — — Dies sind einige Gründe, warum wir bei dieser Wickenbestellung nicht das Unterpflügen, sondern das Ueberbreiten des Düngers vorziehn und gegenwärtig annehmen.

Es ist oben bereits angenommen, daß mit dem ersten Frühjahr die eine Hälfte des zu bedüngenden diesjährigen Brachlandes mit Wicken besäet sey; nach Verlauf von etwa vier Wochen wird die andere Hälfte der Landfläche, für welche der Hofdünger in der Brache ausreicht, ebenfalls auf vorbeschriebene Weise mit Wicken bestellt und überdüngt.

Um die Mitte des Junius stehen die erstgesäeten Wicken in Blüthe. Von dieser Zeit an wird das Vieh täglich nur einige Stunden auf die Weide getrieben — oder besser ganz einbehalten — übrigens früh von 4 Uhr an, und Abends bis 9 Uhr, mit diesen grünen Wicken auf dem Stalle gefüttert. Sind die Kühe von guter Art, so ist jetzt der Milchertrag verdoppelt.

Aber nicht dieser temporaire größere Milchertrag, sondern die zu erhöhende Benutzung des ganzen Viehstandes, der nachhaltigst vervielfältigte Körnerertrag, und der höchste Kulturzustand der totalen Ackerfläche mittelst einer einzuführenden Fruchtwechselwirthschaft, sind das Ziel, welches man zu erreichen suchen soll.

Der Dünger ist hierzu das Hauptmittel, und vorjetzt muß man allein auf die möglichste Vermehrung desselben sein Augenmerk richten. Wenn man den von dieser Wickenfütterung fallenden Dünger sammeln wollte, ohne dessen flüssige Theile nebst dem Urin aufzufangen, und wenn man denselben so lange liegen lassen wollte, bis er so weit abgetrocknet und in Fäulniß übergegangen, daß er auf dem Acker streubar geworden wäre: so würde dadurch eine große Menge flüssiger Düngtheile verloren gegangen seyn. Eine gut ernährte Milchkuh frißt in 24 Stunden etwa 128 Pfund Grünfutter. Grüne Wicken enthalten gegen getrocknete über 75 Prozent Wäßrigkeit. Die Kuh säuft daneben gegen 25 Pfund Wasser; sie nimmt also eine Masse von circa 150 Pfund zu sich, worunter 30, höchstens 32 Pfund feste Substanz seyn kann. Sie wird von solchen 150 Pfund nicht über etliche 60 Pfund durch den Darmkanal gegangenen Dünger liefern, und der größte Theil des fluiden Düngmaterials ist also ohne auffangendes

Streumaterial verloren. Der Verlust desselben ist aber für die neue Wirthschaft von großer Wichtigkeit, und man würde nur langsam die Hauptabsicht, eine bedeutende Düngerquantität zu erhalten, erreichen, wenn man nicht Vorkehrungen träfe, diese beträchtliche Menge flüssiger Düngertheile aufzufangen, und solche in transportablen Dünger zu verwandeln. Da man aber annehmen darf, daß in solchen hülfsbedürftigen Wirthschaften das sämmtliche Stroh theils zum Verfüttern, theils zum Streuen bereits in dem letzten Winter konsumiret seyn kann; da man ferner auf den billigen Ankauf einer großen Menge Stroh im allgemeinen mit Wahrscheinlichkeit nicht rechnen darf; so wird kein Ausweg übrig seyn, als andere Streusurrogate aufzusuchen, in welche wir diese flüssige Düngertheile auffangen lassen, und auf den Acker übertragen können.

Es giebt nur wenige Güter, die einen Ueberfluß an Streusurrogaten besitzen. Die gewöhnlichen Streusurrogate sind folgende.

Blätter von Laubholz, von Eichen, Büchen und Ellern, sind adstringirend und gehen für sich nur langsam in Fäulniß über; aber sie verlieren ihre gerbenden Eigenschaften am leichtesten durch eine proportionirliche Mengung mit animalischem Dünger. In Absicht ihres voluminösen Verhältnisses gegen Stroh, scheinen sie nicht so viel Flüssigkeit einzusaugen, als letzteres. Man würde daher, dem Gewichte nach, eine größere Quantität davon nöthig haben, wenn man die flüssigen Theile des animalischen Düngers durch sie allein auffangen wollte. Gemengt mit Viehdünger verfließen über acht Monate, ehe sie für den Acker brauchbar werden.

Nadeln von Tannen, Kiefern u. d. gl. verrotten selbst durch Vermengung mit Viehdünger noch langsamer, als Blätter von Laubholz; aber jene nehmen die Flüssigkeit genauer auf, als diese. In Haufen mit animalischem Dünger vermengt, sind gegen 12 Monate erforderlich, ehe sie gehörig vermodert sind.

Abgestochene Rasen- und abgegrabene Maulwurfshügel (wenn in Haufen gesetzt die Wurzeln der Gewächse vorher in Fäulniß übergegangen sind), geben ein treffliches Material ab, um die flüssigen animalischen Düngtheile aufzufangen. Sie liefern einen wirksamen Dünger, wenn sie mit den urinösen Theilen und übrigen Exkrementen des Darmkanals vermengt werden, und sind in kurzer Zeit für den Acker brauchbar.

Torferde würde, vermöge der großen Menge des darin befindlichen Humus, an sich schon ein gutes Düngmaterial werden können, wenn die ihr anhängende Phosphor- oder Schwefel- oder Essigsäure nicht alles Vegetationsvermögen zerstörte. — — Ich ließ 600 schwere Fuder Torferde aus einem in einer bedeutenden sandigen Vertiefung gewachsenen Torfmoor graben, und einen Theil davon in 8 Fuß hohe Vierecke aufgesetzt über 2 Jahre liegen, da hatten jene schädlichen Säuren sich von selbst verloren, und die Haufen waren in eine vegetabilische schwarze Erde verwandelt. Mit frisch vom Vieh kommendem Dünger durchnäßt und vermengt, verlieret die Säure sich früher. Die zerfallene Torferde als Streusurrogat zum Auffangen der dem frischen Dünger adhärirenden Flüssigkeit, ist mit Nutzen anzuwenden; aber in dem gegenwärtigen Fall gehet für den Landwirth zu viel Zeit verloren, ehe dies Gemenge als Dünger brauchbar wird.

Modder oder zusammengeschlämmte schwarze Erde wird, wenn sie trocken, wie der Torf behandelt. Ist solche nicht sauer, so ist sie, nachdem sie durchs Liegen pulvrig geworden, schon für sich als als Düngmaterial anzuwenden, und als Surrogat zum Auffangen flüssiger Düngtheile unschätzbar.

M e r g e l hat man an vielen Orten, und ist bereits als Verbesserungsmittel des Bodens sehr bekannt. Als Streusurrogat, um die flüssigen Düngtheile aufzufangen, ist solcher vorzüglich empfehlenswerth, wofern er von Natur nicht zu bindig ist.

Doch finden sich nicht aller Orten Blätter von Laubholz, Nadeln von Tannen und Kiefern, Rasen und Maulwurfshügel, oder Torferde, Modder und Mergel, um in extraordinären Fällen, wie in den gegenwärtigen, dieselben als hinlängliches Streumaterial zu benutzen; — aber

g u t e t r a g b a r e Erde, sandiger Lehm, mit einiger Dammerde vermischt, ist wohl unter allen Streusurrogaten das Häufigste, und einige arme, ganz sandige Gegenden ausgenommen, wird man auf den mehresten Gütern doch wohl ein Fleckchen davon finden.

Auf dem Gute, welches wir hier vor Augen haben, das aus einer gewöhnlichen Dreifelderwirthschaft in eine wohlgeordnete Fruchtwechselwirthschaft umgewandelt werden, und welches, der Voraussetzung nach, aus Mittelboden bestehen soll, ist dergleichen Erde vorhanden, und wenn es auch an allen übrigen Streusurrogaten fehlt, so kann es doch, vermittelst dieser Erde, in dieser Wirthschaft daran nicht mangeln.

Ehe ich weiter gehe, muß ich noch über die Verflüchtigung des flüssigen Düngers und die allgemeinen Bestandtheile des Düngers überhaupt, folgendes bemerken.

Die fluiden Düngtheile aufgefangen, und in ihrem natürlichen Zustande auf das Land gebracht, werden den Pflanzen und Gewächsen schädlich; aber mit Wasser gemischt, und in einen starken Grad von Gährung und Fäulniß versetzt, düngen sie kräftig. Die sämmtlich aufgefangenen fluiden Düngtheile eines Stücks Vieh sind in einem gehörig verdünnten Zustande hinreichend, eine eben so große Landfläche zu bedüngen, als mit dem kompakten Dünger gedünget werden kann, der durch den After desselben erhalten wird.

Das Stroh ist zwar in der Regel das gewöhnliche Mittel, durch welches der Urin des Viehes und die übrigen flüssigen Theile des Düngers aufgefangen werden; doch läßt sich auf keine Weise behaupten, daß solches diesen Zweck auf das vollkommenste erfülle. Wenn der Rindviehdünger, nach Einhofs Untersuchung, aus $15\frac{5}{8}$ Prozent Faserstoff, $2\frac{1}{32}$ gemischte Salze, 9 Prozent trockenem Extrakt, und aus $1\frac{5}{32}$ Kieselerde, überhaupt

haupt nur aus $28\frac{1}{8}$ Prozent fester Substanz, dagegen aber zugleich aus $71\frac{7}{8}$ Prozent flüssigen Theilen bestehet, so ist es schon sinnlich begreiflich, wie wenig die Textur des Strohes geeignet seyn kann, alle diese flüssigen Theile aufzunehmen, und wie geringe Fähigkeit die organische Zusammensetzung desselben besitzt, dieselben in sich aufzubewahren. Man kann mit großer Wahrscheinlichkeit annehmen, daß in einem strohreichen Dünger 50 Prozent der flüssigen düngenden Theile verflüchtiget oder verdunstet sind, bevor die festeren untergepflügt werden können. Ein um so zweckmäßigeres Material ist dagegen eine gute Erde, worin sich alle vom Vieh kommende flüssige Düngtheile rein auffangen, und gegen Regen, Wind und Verdunstung weit sicherer schützen lassen.

Es ist durchaus nothwendig, die große Menge flüssiger Düngtheile nicht verloren gehen zu lassen, welche bei Verfütterung der grünen Wicken auf dem Stalle, durch das Vieh erzeugt wird. — Die Herbeischaffung oder das Anfahren guter Erde, und die nothwendige Vorkehrung, solche zum Gebrauch im trockenen Zustande zu erhalten, ist also, in Ermangelung des benöthigten Streustrohes, oder anderer leichter zu erhaltenden Streusurrogate, das einzige beschwerliche Opfer, welches man dieser verbesserten Kultur zu bringen hat.

Wenn jeder Kuh täglich circa 128 Pfund grüne Wicken und 25 Pfund Wasser gegeben werden; so wird man zum Auffangen der flüssigen Düngtheile für jedes Stück Rindvieh etwa 1½ Kubikfuß rheinländisch an in pulverigtem Zustande befindlicher Erde, als Streusurrogat nöthig haben. — Doch muß ich bemerken, daß solche Erde nicht dem Viehe selbst unterzustreuen, sondern nur hinter dem Viehe schicklich auszubreiten ist, um an der rechten Stelle die abfallenden Düngtheile aufzufangen.

Ich wiederhole es: weder mit Stroh, nach mit irgend einem dem ähnlichen Streusurrogat, lassen sich die fluiden Theile des animalischen Düngers so rein bis auf das letzte Tröpfchen auffangen, als mit trockner Erde; in keinem Material werden sie minder verflüchtiget, als in diesem; und daß dieser Kompost von animalischem Dünger und guter Erde kräftiger und nachhaltiger auf Mittelboden wirkt, als der gewöhnlich nur halbverrottete Strohmist, lehren bereits vielfältige Erfahrungen.

Wenn die überdüngten Wicken bei nicht ganz ungünstiger Witterung in der Regel wohl gedeihen; — wenn solche in der Blüthe gemähet und gleich auf dem Stalle verfüttert werden; — wenn der Viehstall so eingerichtet ist, daß der Abfluß des Urins verhindert werden kann; — wenn dieser Urin mit den übrigen thierischen Exkrementen durch völlig hinlängliche Erde oder andere gute Streusurrogate sorgsam aufgefangen, und der dadurch gewonnene Dünger in großen Flächen dem Austrocknen durch Luft und Sonne, oder durchschwemmenden Regengüssen nicht exponirt, sondern sofort in dichten hohen Haufen aufgesetzt wird: so liefern, unter vorstehenden nothwendigen Voraussetzungen, die von einem Morgen Land grün verfütterten Wicken eben so viel Dünger wieder, als zur guten Bedüngung eines andern Morgen Landes erforderlich ist.

Als der Herr Staatsrath Thaer auf seinem Gute Mögelin im Jahre 1805 seine neue Wirthschaft anfing, und in dem Stückchen Brachland, das mit dem Winterdünger bestellt werden konnte, Wicken säen, diese grün verfüttern, und allen davon kommenden Dünger mit hinlänglichem Streumaterial auffsammlen ließ: da erhielt derselbe von jedem mit Wicken bestellt gewesenen Morgen Land durch die Verfütterung soviel Dünger wieder, als zur vollkommenen Ausdüngung von mehr als einem Morgen Landes hinreichend war. — — Bei der nachfolgenden Beschreibung des Uebergangs aus einer Dreifelderwirthschaft in eine Fruchtwechselwirthschaft nehme ich aber an, wie bereits oben festgesetzt ist, daß jeder mit Wicken bestellte Morgen durch die Grünfütterung auf dem Stalle, bei hinlänglichem Streumaterial, nicht mehr als zu einem Morgen Dünger wiedergebe.

Ich habe für den praktischen Landwirth über diese Art von nothwendiger Düngervermehrung gegenwärtig nichts mehr hinzu zu fügen; aber der möglichen, den nach und nach abzumähenden Wicken, gleich folgenden Bestellung des Wintergetreides muß ich hier noch erwähnen. Diese frühe Bestellung des Wintergetreides stehet übrigens mit der einzuführenden Fruchtwechselwirthschaft in keiner Beziehung, und ich wünsche es für nichts als einen Vorschlag anzusehen, durch den der Strohertrag in den ersten Jahren vermehret werden kann.

Es ist bekannt, daß der gewöhnliche Winterrokken an Stroh und Körnerertrag ein weit vollkommeneres Gewächs wird, wenn man denselben ganz früh und zwar schon im Ausgang des Juni oder Anfang des Juli-Monats säet. Er behält diese verbesserte Eigenschaft selbst dann, wenn man ihn bis Anfang des August-Monats noch in die Erde bringt, aber die Vollkommenheit desselben nimmt auch in demselben Verhältniß wieder ab, je später solcher gesäet wird. — Dieser Rocken wurde anfänglich unter dem Namen von Staudenrocken, nachher als Johannisrocken bekannt, und man erhielt solchen zuerst aus ganz nördlichen Gegenden, besonders aus dem höhern Norwegen, wo derselbe des Klimas willen bekanntlich sehr früh gesäet werden muß. Er wird dünner gesäet, als unser gewöhnlich spät gesäeter Rocken; er bestaudet sich stark; kann in reichem Boden oft noch in demselben Herbst als Viehfutter benutzt werden, und bringt darnach im folgenden Jahre an Körnern und Stroh vorzügliche Ernten. Man hat also die Einrichtung zu treffen, daß im Sommer soviel Rocken vorräthig gehalten wird, als zur Aussaat dieses Johannisrockens etwa für 100 Morgen Land nöthig ist.

Wenn die Grünfütterung auf dem Stalle mit den in Blüthen stehenden Wicken z. B. den 15ten Juni anfängt, so müssen diese Wicken spätestens bis den 15ten September, und also in 42 Tagen abgefüttert seyn. Im Mittelboden werden von den auf vorbeschriebene Weise bestellten und überdüngten Wicken auf jeden Morgen von 180 rheinländischen 12füßigen □Ruthen im Durchschnitt 7200 Pfund Grünfutter, und auf 100 Morgen 720000 Pfund wachsen. Wenn jedes Stück Vieh von guter Mittelgröße täglich etwa 128 Pfund Grünfutter erhält, so kann man circa 60 Stück Vieh mit diesen Wicken von 100 Morgen über 3 Monate ernähren, wozu etwa $1\frac{1}{10}$ Morgen an Futter täglich abgemähet werden muß. Wenn nun bei der Fütterung von etlichen 60 Kühen täglich über 1 Morgen abgefüttert wird, so kann man einen Tag um den andern einen Pflug auf das abgemähete Wickenland gehen, dasselbe einmal umpflügen, und sofort mit Rocken bestellen lassen. Dieser früh gesäete Rocken verartet sich, wie bereits erwähnet, in Staudenrocken, dessen ansehnlicherer Strohertrag für die neue Wirthschaft in Hinsicht der Brachfruchtfütterung im Winter, und des mehr benöthigten Streustrohs, in der Folge von Bedeutung ist. — Mit dieser Rockenbestellung fährt man nach und nach hinter einander fort, so wie die Wicken abgefüttert werden, und mit einem einzigen Paar nicht einmal täglich dazu zu verwendender Pferde, werden um die Mitte des Septembers 100 Morgen Wickenland mit Rocken besäet seyn.

Ich habe gegenwärtig es darzustellen versucht, wie der Wickenbau das sicherste Mittel zur ersten Düngervermehrung sey, und wie bei derselben Gelegenheit das abgemähete Wickenland zum Anbau des Johannis- oder Staudenrockens vortheilhaft angewendet werden könne. Ehe ich aber diese Materie ganz beschließe, kann ich nicht umhin, das wenig bekannte Verfahren anzugeben, dessen der Herr Staatsrath ebenfalls, im Jahr 1805, zur Vermehrung des Düngers beim Wickenbau sich bedient hat, und welches bei intendirter höchster Düngerproduktion sehr nachahmungswerth ist. Dies Verfahren ist folgendes.

Sobald die Wickenverfütterung ihren Anfang nimmt, und der Dünger davon mit Hülfe der Erde zu einem Kompost gesammelt wird, so setzt man diesen in hohe Haufen, die sich bald erhitzen und streubar werden.

Nicht auf der Stelle, wo diese verfütterten Wicken gewachsen sind, deren Land schon vom Julius an nach und nach mit Rocken bestellt wird; sondern auf anderes ungedüngtes Brachland, wovon genug vorhanden ist, werden während des ersten Viertheils der Stallfütterungszeit noch Wicken gesäet, und mit dem neugewonnenen Dünger oder Wickenkompost überdüngt. — Diese nachgesäeten Wicken können ebenfalls noch grün verfüttert, das dazu verwendete Land noch mit Winterung bestellt, der ihnen gegebene Wickenkompost durch die Verfütterung wieder ersetzt, und gleich dem übrigen neuen Dünger, der Hauptbestimmung nach, bis zum nächstfolgenden Frühjahr aufbewahret werden. — Der wichtige Vortheil bestehet darin, daß man durch diese Operation mehr gedüngtes Wintergetreide erhält, ohne an dem für das künftige Jahr gesammelten Dünger oder Wickenkompost das mindeste eingebüßt zu haben. Vielleicht habe ich in der Folge noch Gelegenheit, hierüber etwas mehreres zu sagen.

Schema, welches beim Uebergange aus der in neunjähriger Bedüngung stehenden Dreifelderwirthschaft in die neue sechsschlägige Fruchtwechselwirthschaft zum Grunde gelegt ist; nebst einigen Bemerkungen.

Beifolgendes Schema (Tabelle I.) enthält die Ordnung, nach welcher die neuen Schläge in der Folge bestellt, und die Früchte, welche auf solchen erbauet werden. Es hängt bei Uebersicht desselben von eines jeden Belieben ab, für jeden Schlag sich 1 oder 100 Morgen zu denken. Wir nehmen hier an, daß die ganze Fläche 900, und jeder der neuen sechs Schläge 150 Berliner Morgen groß sey *).

Die angenommene künftige Fruchtfolge ist die bereits angeführte, nämlich: 1) Brachfrüchte,

*) Ein Berliner Morgen hält 24197 Pariser oder 25920 rheinl. □Fuß. Ein Wiener Joch hält 54571 Pariser oder 58449 rheinl. □Fuß. Eine dänische Tonne hält 52270 Pariser oder 56000 rheinl. □Fuß.

2) Gerste, 3) Klee, 4) Winterung, 5) Erbsen, 6) Winterung.

Man wird zuvörderst bei genauer Durchsicht dieses Schema bemerken:

a) daß die jährliche Aussaat der vormaligen Dreifelderwirthschaft in der neuen Wirthschaft nicht vermindert, sondern von der ganzen Ackerfläche, nach wie vor, jährlich $\frac{1}{3}$ mit Winterung und $\frac{1}{3}$ mit Sömmerung bestellet wird.

b) Daß im dritten Jahre die Winterung oder $\frac{1}{3}$ der ganzen Ackerfläche bereits völlig durchdüngt ist.

c) Daß im fünften Jahre alle neuen 6 Schläge mit den ihnen nach der neuen Ordnung bestimmten Früchten bestellt sind, und nun die neue Fruchtwechselwirthschaft in vollem Gange ist.

d) Daß von diesem fünften Jahre an jährlich zwei Schläge, jedoch immer stärker und stärker, und zum Theil doppelt und dreifach bedünget werden.

Wenn endlich in den folgenden Jahren, bei Fortsetzung dieser Kultur, der Dünger sich progressiv und dergestalt vermehret, daß eine wahre Uebersättigung mit Dünger für den Erdboden eintritt, dann wird man gezwungen werden, die angenommene Fruchtfolge zum Theil zu ändern, und mehr Getreidesaaten, oder statt deren aussaugende Handelsgewächse zu erbauen.

Ich habe hier eine Art des Ueberganges gewählt, die zwar ein Jahr länger dauert, als andere mögliche Uebergangsmethoden; aber sie hat die Vorzüge, daß sie da, wo man von Viehhändlern oder Schlächtern hinlänglich Vieh zur Mastung erhalten kann, gleich eine baare Einnahme zur Erstattung der extraordinären Ausgaben bringt; daß sie von jedem vernünftigen Praktiker, der die nachfolgende nähere Beschreibung zum Grunde legt, leicht auszuführen; mit keinem Risiko, noch weniger mit Verlust verknüpft ist, und daß sie sehr sicher zum Ziele führt.

Bei der näheren Auseinandersetzung der praktischen Ausführung des in dem Schema angegebenen Uebergangs, habe ich mir übrigens folgende Grundsätze vorgeschrieben:

1) Den durch die halbe Sommerstallfütterung zu erhaltenden Dünger, in Ermangelung des Streustrohes, nicht ohne ein anderes hinlängliches Streusurrogat zu sammeln, weil durch den Verlust der fluiden Dünge-

theile, ein großer Theil des erwarteten Düngers verloren geht.

2) In der Regel eher gar nicht als halb zu düngen, und dagegen lieber einer kleinern Landfläche den ihr gebührenden vollen Dünger zu geben.

3) Die Brachfrüchte nie ohne doppelten oder mindestens 1½mal so starken Dünger, als das Land zur Getreidesaat erhielt, zu erbauen.

4) Mit der Kultur der Brachfrüchte nicht eher zu beginnen, als bis durch die halbe Sommerstallfütterung die Strohvermehrung des Getreides so zugenommen hat, daß im Winter bei Verfütterung der Brachfrüchte hinlängliches Streustroh aus eigner Wirthschaft vorhanden ist.

5) Ohne die dringendste Nothwendigkeit in der neuen Wirthschaft nichts, von der in der alten Wirthschaft gewöhnlichen jährlichen Getreideaussaat aufzuopfern, welcher Grundsatz auch bei den andern Uebergängen, wovon ich am Ende einige Schemata beifügen werde, befolgt ist.

Beschreibung des wirklichen Uebergangs aus der im neunjährigen Düngungszustande befindlichen Dreifelderwirthschaft, in die nach Regeln geordnete sechsschlägige Fruchtwechselwirthschaft.

Ich wende mich gegenwärtig zu der nähern Beschreibung derjenigen speciellen Arbeiten und Verrichtungen, welche bei dem Uebergange aus der erwähnten alten Dreifelderwirthschaft in die neue bessere Wirthschaftsart nach und nach vorkommen werden.

Erstes Jahr.

Man theile jedes der bisherigen drei Felder in zwei ganz gleiche Theile; die totale vormalige Akkerfläche also, das ist das Winterfeld, das Sommerfeld und das Brachfeld, zusammen in sechs Theile oder Schläge, wie solches auf der Uebergangs-Tabelle Nr. 1. bemerkt ist, und treffe die Einrichtung, daß man zu jedem einzelnen dieser 6 Schläge mit Wagen und Pferden zu aller Zeit gelangen kann, ohne die Früchte des andern zu beschädigen. Jeder dieser neuen Schläge enthält also nach dem angenommenen Schema 150 Morgen, oder zwei solcher Schläge haben die Größe eines Feldes der vormaligen Dreifelderwirthschaft von 300 Morgen.

Auf den Schlägen Nr. 6. und Nr. 4., oder auf $\frac{1}{3}$ der ganzen Ackerfläche wird die reine Brache gehalten; aber der Theil des Brachlandes, für welchen der gewöhnliche Dünger hinreicht, wird mit Wicken besäet.

Wir wählen zur Bestellung dieser Wicken den Schlag 6., der, wie die übrigen Schläge, 150 Morgen groß ist. Zufolge der Voraussetzung, stand die alte Dreifelderwirthschaft in 9jähriger Düngung, oder bedüngte von 900 Morgen Ackerland jährlich nur 100 Morgen. Wenn nun nicht mehr Dünger vorhanden ist, so werden auch vorerst nur 100 Morgen mit überdüngten Wicken bestellt. Die Anweisung über die Kultur derselben, über die Verfütterung und Düngerbereitung, ist umständlich im Vorhergehenden bereits mitgetheilt, und darf also gegenwärtig nicht wiederholt werden. — Wenn aber in diesem Schlage Nr. 2. nicht mehr als 100 Morgen bedüngt und mit Wicken bestellet werden können, so bleibet noch in demselben eine Landfläche von 50 Morgen ungedüngt übrig. Auf wenigstens 25 Morgen von diesem ungedüngten Lande können Wicken nachgesäet, und mit dem ersten Kompost überdüngt werden, welcher durch die Verfütterung der auf den vorberegten 100 Morgen erbaueten Wicken gewonnen wird. Auf diese Weise wird wenigstens der Vortheil erreicht, in diesem ersten Jahre 25 Morgen gedüngte Winterung mehr auszusäen, wodurch im künftigen Jahre schon ein größerer Körner- und Strohertrag zu erwarten ist.

Der Schlag Nr. 4. erhält die reine ungedüngte Brache, wie in der alten Wirthschaft, und wird wie sonst ebenfalls mit Winterung bestellt.

In den Schlägen 3. und 2. wächst diesen Sommer die aus der vorigen Wirthschaft überkommene Winterung auf 300 Morgen Land, wovon nur 100 Morgen im vorigen Jahre nach der alten Wirthschaftsart bedünget werden konnten.

Die Schläge 1. und 5. werden noch mit der in der Dreifelderwirthschaft gewöhnlichen Sömmerung bestellt.

Die Aussaat ist also weder vermehret noch vermindert, und es sind in diesem Jahre wie vormals 300 Morgen mit Winterung, und 300 Morgen mit Sömmerung bestellt.

Ueber die Benutzung der Weide, während dem das Vieh auf dem Stalle gefüttert wird, läßt sich nichts Specielles bestimmen, da örtliche Verhältnisse und die Beschaffenheit der Weide es nur entscheiden können, ob dieselbe etwa durch angekaufte Hammel zur halben oder ganzen Mastung, oder durch fremdes Vieh gegen Weidegeld, oder auf welche andere Weise selbige am vortheilhaftesten zu benutzen ist.

Uebersicht von den, der neuen Wirthschaft zugeflossenen Vortheilen in diesem ersten Jahre.

A) Ich zähle hieher den auf etwa 50 Morgen ausgesäeten sogenannten Johannis- oder Staudenrocken, von dem man sich einen guten Körner- und reichlichen Strohertrag versprechen kann.

B) Gehören dahin die 25 Morgen Land, welche durch das vorberegte Nachsäen der Wicken, mehr als sonst gedüngt bestellet werden konnten. Es sind also statt 100 Morgen 125 gedüngt worden.

C) Kann, — wenn man kein Mastvieh halten will, die Einnahme in der Holländerei durch die reichliche Stallfütterung mit grünen Wicken, wofern das Milchvieh guter Art ist, beinah aufs doppelte

doppelte gegen den gewöhnlichen Weideertrag vermehret seyn. Ich will indeß ein solches Duplum hier nicht in Abschlag bringen; aber der eingenommenste Landwirth wird doch zugeben, daß von einer Kuh, die statt auf der wilden Weide zu gehen, innerhalb 24 Stunden mit circa 128 Pfund grünen Wicken gefüttert wird, die Milchvermehrung wohl täglich einen Groschen betragen kann. Dies macht auf 92 Tage für jede Kuh 3 Rthlr. 20 Gr. Von 125 Morgen Land mit Wicken, lassen sich auf das niedrigste gerechnet 75 Stück Milchkühe 3 Monate lang reichlich ernähren. Man hat also davon eine Einnahme von 287 Rthlrn., womit der Ankauf der Saatwicken wohl in den mehresten Gegenden größtentheils zu bestreiten seyn wird.

D) Ein wichtiger und beabsichtigter Vortheil bestehet in dem Düngkompost, welcher durch die Verfütterung der grünen Wicken von 100 Morgen Land erhalten wurde, der wie bereits ausführlich bei Beschreibung des Wickenbaues auseinandergesetzt ist, zu einer Bedüngung von 100 Morgen vollkommen hinreicht, und für das folgende Jahr aufgesparet wird.

Zweites Jahr.

Düngerbestand.

Düngekompost, von den im vorigen Jahre grün verfütterten Wicken, hinreichend zu 100 Morgen.

Hofdünger, aus der alten Wirthschaft jährlich zu . . . 100 „

Dünger zu 200 Morgen.

Schlag 1. trägt Winterung. Es sind von diesen 150 Morgen 100 Morgen mit Hofdünger, und 25 Morgen durch Nachsäen späterer Wicken mit Kompost überdüngt. 25 Morgen dieses Winterschlages sind also gar nicht gedüngt, und stehen in fünfter Tracht. — — Man würde diese 125 gedüngte Morgen jetzt mit Klee besäen können; aber man würde auch im nächsten Jahre für diesen Klee einen Schlag mit Sömmerung einbüßen müssen, wofür wir unter gegenwärtigen Umständen um so weniger Ersatz erwarten können, da es dieser Wirthschaft auf keine Weise an Grünfutter fehlen, und der Klee in Heu verwandelt, jetzt eine verlorne Sömmerung nicht erstatten kann.

Schlag 4. trägt in Folge der vormaligen düngerarmen Wirthschaft jetzt noch die ungedüngte Winterung. 50 Morgen davon hatten in der alten Wirthschaft vor sechs Jahren, und 100 Morgen vor drei Jahren ihre Bedüngung erhalten.

Schlag 3. und Schlag 6. tragen, wie in der vormaligen Dreifelderwirthschaft, die gewöhnliche Sömmerung, und stehen davon 100 Morgen in sechster, 100 Morgen in vierter, und 100 Morgen in zweiter Tracht.

Schlag 1. und Schlag 5. enthalten das diesjährige Brachland.

Schlag 1. wird zum Theil früh, zum Theil späterhin, nach verhältnißmäßigen Zwischenräumen, mit überdüngten Wicken dergestalt bestellt, daß man den ganzen Sommer hindurch, bis zum Septembermonat, ununterbrochen blühende Wikken zur Stallfütterung haben kann. Das nähere Verfahren bei der Bestellung, ist bereits ausführlich mitgetheilt. Der Düngekompost von der vorjährigen Stallfütterung, zu 100 Morgen hinreichend, wird auf eine gleiche Landfläche dieses Schlages verwendet, und demselben außerdem auf 50 Morgen vom gewöhnlichen jährlichen Hofdünger gegeben. Der von Verfütterung dieser auf 150 Morgen Land bestellten Wicken zu erhaltende Düngekompost, giebt, bei gehöriger sorgsamer Behandlung, eine Quantität, die zur Bedüngung von 150 Morgen wiederum vollkommen hinlänglich ist.

Schlag 5. wird auf gleiche Weise in Absicht der Bestellung behandelt. Wenn dem Schlage 1. von allem vorhandenen, zu 200 Morgen hinreichenden Dünger bereits für 150 Morgen Dünger übergeben sind: so bleiben für diesen Schlag 5. nur zu 50 Morgen Dünger übrig. Es werden daher vorerst nur 50 Morgen mit Wicken bestellt, und mit dem noch übrigen Dünger überdünget. Auf 50 anderen Morgen hingegen werden ebenfalls Wicken gesäet, die man mit dem neuen Kompost überdünget, der von der ersten Wickenfütterung des Schlages 1. gewonnen wird. So können 100 Morgen Land auf diesem Schlage mit überdüngten Wicken bestellet werden, und es bleiben daher hier nur noch 50 Morgen übrig, die keinen Dünger erhalten können, und auf welchen noch, wie in der alten Wirthschaft, reine Brache gehalten werden muß.

Es werden also in diesem Jahre auf beiden Schlägen 250 Morgen mit Wicken bestellt, die für etwa 150 Stück Rindvieh von der Mitte des Junins spätestens an, bis Mitte Septembers kräftige Nahrung im Ueberfluß liefern.

Es bleibt hier die Wahl übrig: entweder den durch Verfütterung der grünen Wicken erhaltenen Dünger gleich in die Erde zu bringen, und zur ausgedehntern größern Winterbestellung zu benutzen; oder in den ersten Jahren 250 bis 300 Morgen Wicken auf dem Stalle zu verfüttern, wodurch man in den Stand gesetzt wird, um so schneller und mit größerer Kraft in die neue Wirthschaft überzugehn; — — oder die jährliche Grünfütterung nur auf 150 Morgen zu beschränken, wozu das vorhandene wirthschaftliche Zug- und Nutzvieh mehrentheils hinreichend seyn kann, die übrigen Wicken aber in Heu zu verwandeln: — dahingegen auch durch diesen bequemern Weg die Erreichung des Hauptziels um zwei Jahre verspätet werden muß.

Es kann sich vielleicht jemand geneigt fühlen, ersteres, d. i. allen Dünger für die nächste Winterung unmittelbar zu bestimmen; und für diesen wird nachstehende Auseinandersetzung die genauere Uebersicht der ganzen Sache erläutern.

Wenn man den, durch die Verfütterung der Wicken im vorigen Jahr erhaltenen Düngekompost nicht bis zu diesem Frühjahr überspare, sondern denselben bereits im vorigen Herbst, zur Vermehrung der gedüngten Winterung verwendet hätte, so würden wir in diesem zweiten Jahre mit der vorräthigen Düngerquantität noch auf demselben Punkt wie im ersten Jahre stehen, und künftig die Zunahme des Düngers allein von der langsam steigenden Strohvermehrung erwarten dürfen. Das Stroh-Plus von einem neugedüngten Morgen Wintergetreide gegen einen nicht neugedüngten kann selten über ein Drittheil betragen, und folglich auch erhalten wir von solchem neugedüngten Morgen keine größere Düngervermehrung, als in demselben Verhältnisse. Da aber außerdem das trockene Stroh von einem Morgen Land verfüttert oder gestreuet, nicht die Düngerquantität geben kann, den ein Morgen üppiggestandener, grünverfütterter Wicken, durch hinlängliches Streusurrogat auf vorbeschriebene Weise in Düngekompost gebracht, liefert, so ist auch von dieser Seite betrachtet, es der beabsichtigten höchsten Düngerproduktion nicht gemäß, die Vermehrung des Düngers hier hauptsächlich durch eine Strohvermehrung zu suchen. Im gegenwärtigen Fall konnten im vorigen Jahre, durch Hülfe des jährlichen Hofmistes, 100 Morgen mit Wicken bestellt werden, und durch Verfütterung dieser

Wicken wurde eine neue Düngermasse für 100 Morgen erzeugt. Letztere Düngermasse, nicht zur Winterung im verflossenen Herbst verwendet, sondern übersparet bis auf dieses Frühjahr, setzt uns in den Stand, mit Hülfe des gewöhnlichen Hofdüngers, jetzt schon 200 Morgen mit Wicken zu bestellen, und davon für 200 Morgen neuen Düngekompost zu gewinnen, durch welchen mit Beihülfe des Hofdüngers im nächsten Jahr über 300, und in dem darauf folgenden Jahre 410 Morgen bedünget werden können; dahingegen, wenn man den nach Vorschrift bereiteten Kompost, jährlich bloß zur Vermehrung der gedüngten Winterung verwendet, der durch die Strohvermehrung allein erzeugte Dünger, im vierten Jahre für nicht mehr als zu 224 Morgen hinreichend seyn würde.

Die (in Tabelle VIII befindliche) vergleichende Berechnung wird die Sache noch mehr erläutern.

Die letzte in dieser Tabelle unter 2) angegebene Procedur ist unstreitig der kürzeste Weg, den wirklichen Uebergang aus einer Dreifelderwirthschaft in eine Fruchtwechselwirthschaft durch in wenig Jahren zu erhaltenden Dünger gehörig vorzubereiten. Dünger und Körnerertrag steigen durch letzteres Verfahren so sehr, daß im 6ten Jahre bereits $3\frac{1}{2}$mal soviel Dünger mehr erhalten, 3mal soviel Winterung gesäet, und $3\frac{2}{3}$mal soviel durch den Dünger producirtes Kornplus gewonnen wird, als durch ersteres. Diese Thatsachen würden uns, — wenn andere Rücksichten nicht dagegen sprächen, — gegenwärtig bestimmen, den von der jährlichen Sommerstallfütterung gewonnenen Düngekompost durchaus zu der neuen Wickensaat für das Brachland bis in das andere Jahr zu übersparen, und diese Operation so lange fortzusetzen, bis die ganze ehemalige Brachfläche von 300 Morgen in einem einzigen Jahre vollkommen durchdünget werden könnte; allein die gemeine Erfahrung widerräth es, dieses in manchen Umständen mit Schwierigkeiten verknüpfte Verfahren als Vorschrift, oder gar als unumgängliche Bedingung eines Ueberganges aus der Dreifelderwirthschaft in eine bessere Wirthschaft hier festzusetzen. Es ist im Allgemeinen nicht anzunehmen, daß jeder Landwirth die persönliche Activität besitze, die grünen Wicken von einer 250 und in der Folge bis 300 Morgen große Fläche auf dem Stalle zu verfüttern; sein Lokal sofort darnach einzurichten; eine so große Menge Mastvieh für eine 14 bis 16 Wochen dauernde starke grüne Fütterung herbei zu schaffen; überhaupt aber allen den Schwierigkeiten und Weitläufigkeiten sich zu unterziehen, die unfehlbar hiemit verknüpft sind. Ich habe denenjenigen, welche es ihren persönlichen Verhältnissen und Lokale angemessen finden, jene Schwierigkeiten zu beseitigen, hier nur einen Weg anzeigen wollen, wie jener große Zweck um zwei Jahre früher zu erreichen ist, und das Uebergangs-Schema Nr. 2. kann bei einer etwanigen Ausführung zur speciellen Anleitung dienen.

Ich wähle, um das hier zu beschreibende Verfahren gemeinnütziger zu machen, gegenwärtig einen andern Weg, der zwar wegen der nicht so schleunigen Düngerproduktion etwas langsamer aber eben so sicher zum Ziel führt. Wir können nicht annehmen, daß das in gewöhnlichen Dreifelderwirthschaften, besonders wo es an vielen Wiesen oder gar Weiden fehlt, vorhandene Zug- und Nutzvieh zahlreich genug wäre, um eine Quantität üppig stehender Wicken von 250 bis 300 Morgen im Sommer auf dem Stalle in grünem Zustande zu verzehren; aber eine Fläche von 150 Morgen, das ist in dem hier angenommenen Fall ein neuer Schlag, oder $\frac{1}{6}$ der ganzen Ackerfläche mit Wicken bestellt, wird wahrscheinlich von dem in gewöhnlichen Dreifelderwirthschaften vorhandenen Viehe im Sommer grün abgefüttert werden können; und woferu es an der dazu erforderlichen vollen Anzahl Vieh fehlen sollte, so setzen wir voraus, daß solches vorerst durch anzuschaffendes Mastvieh ergänzet werden wird.

Die übrigen Wicken, welche in den ersten Jahren auf der zweiten Hälfte der Brache, oder auf $\frac{1}{6}$ der ganzen Ackerfläche der Düngerproduktion halber, jährlich erbauet werden müssen, sind in diesem auf Tabelle I. angegebenen Uebergange, der hier in der Beschreibung zum Grunde gelegt wird, zum Heu und zum Verfüttern im Winter bestimmt. Doch sind davon die nachgesäeten Wikken, worüber das Nähere in Folge bestimmt werden soll, ausgenommen. Da auf diese Weise es der Wirthschaft weder an grünem Sommerfutter, noch an gutem Winterfutter fehlt, so ist es leicht, gleich in den ersten Jahren die Jungviehzucht so auszudehnen, daß der größere Viehstand, den die neue Wirthschaft in der Folge in Ueberfluß ernähren kann, nach und nach aus dem eignen Betriebe heranwächst, und eine nach Größe der Wirthschaft bedeutende Summe, die ein solcher Ankauf erfordert, ersparet wird.

Ich muß jetzt, wegen der bereits erwähnten nachzusäenden Wicken, die mit dem von Verfütterung der erstgesäeten Wicken gewonnenen neuen Dünger überdüngt werden, einige Erläuterung hinzufügen. Wenn man dergleichen Wicken nachsäet, so erlangt man den Vortheil die Fläche seiner gedüngten Winterung dadurch in gleichem Verhältnisse zu vermehren; aber man übernimmt auch hiemit zugleich die Beschwerde, diese nachgesäeten Wikken ebenfalls grün auf dem Stalle verfüttern zu müssen, um durch solches Grünverfüttern eben dieselbe Düngerquantität zu ersetzen, welche zur Bedüngung dieser nachgesäeten, von den erstverfütterten Wicken vorgestreckt war, von denen eine festgesetzte jährliche Düngerproduktion hier von Jahr zu Jahr erwartet und berechnet wird. — Der Vortheil, in der hier vorausgesetzten Wirthschaft von 900 Morgen jährlich 25 bis 50 Morgen Winterung mehr zu bedüngen, ohne den Plan des Ganzen in seinem Fortgange zu stören, ist für den Körnerertrag und die Strohvermehrung so wichtig, daß ich bei Männern, welche den Entschluß fassen, ein besseres Wirthschaftssystem bei sich einzuführen, und deren gewöhnlicher Viehstapel schon hinlänglich ist, die Wicken von einem neuen Schlage oder $\frac{1}{6}$ ihrer ganzen Ackerfläche zu verzehren, gegenwärtig vorauszusetzen geneigt bin: das Körner- und Stroh-Plus von der vergrößerten gedüngten Winterung; der nicht unbedeutende Vortheil, welcher durch Fütterung oder Mastung einer größern Anzahl Viehes ihnen in 14 bis 16 Wochen zuwächst; und die kurze Zeit, hiezu vorher die nöthigen Vorkehrungen und Einrichtungen zu ordnen, — werde die mehresten bewegen, jede sich darbietende Gelegenheit zu benutzen, um jährlich die auf 25 bis 50 Morgen mehr gesäeten Wicken an von Fremden oder von Schlächtern und Viehhändlern zur Mastung aufgenommenes Vieh zu verfüttern, und alle ihnen und der Wirthschaft dadurch zufließenden ansehnlichen Vortheile, einiger oftmals leicht zu beseitigenden Beschwerden willen, nicht von der Hand zu weisen.

Ich wende mich jetzt wieder zu der speciellen Fortsetzung des Ueberganges aus der alten Wirthschaft in die neue. Der einzelnen diesjährigen Bestellung der übrigen Schläge ist bereits erwähnet. — Auf dem Schlage 1. werden überdüngte Wicken erbauet — Für den Schlag 5. ist nur zu 50 Morgen Düngung vorräthig, die ebenfalls zum Wikkenbau bestimmt sind; aber außerdem können noch 50 Morgen auf diesem Schlage mit nachgesäeten Wicken bestellt werden, um die gedüngte Winterungsaussaat so viel möglich zu vermehren.

Es werden überhaupt in diesem Jahre von den beiden Schlägen 1. und 5., durch Verfüttern der grünen Wicken auf dem Stall, für 150 Morgen Düngkompost bereitet, und von 50 Morgen die Wicken zu Heu gemacht.

Schlag 6. würde in der vorigen Dreifelderwirthschaft, zufolge der Düngungszustands-Tabelle Nr. III., getragen haben:

	Scheffel.	Pfd. Stroh.
Von 100 Morgen gedüngter Winterung à 6 Schfl. per Morgen	600	172000
Von 50 Morgen ungedüngter Winterung in 4ter Tracht 4 Schfl. per Morgen . .	200	—
Ertrag der alten Wirthschaft	800	172000

Schlag 6. hat dagegen in der neuen Wirthschaft gebracht:

	Scheffel.	Pfd. Stroh.
Von 125 Morgen gedüngter Winterung à 6 Schfl. per Morgen	750	—

	Scheffel.	Pfd. Stroh.
Von 25 Morgen in 4ter Tracht à 4 Schfl. per Morgen .	100	—
	850	182750
Also ist durch die neue Wirthschaft in diesem 6. Schlage mehr erbauet	50	10750

Ich übergehe hier die Getreide- und Strohernten der übrigen Schläge, da dieselben noch gänzlich in dreifeldrigem Kulturzustande stehen, deren Ertrag in der Folge, bei Vergleichung des Ertrages der neuen Wirthschaft mit der alten, noch öfter vorkommen wird.

Kurze Uebersicht von den durch die neue Wirthschaft in diesem zweiten Jahre erhaltenen Vortheilen.

a. Das in diesem Jahre mehr gewonnene Getreide beträgt an Körnern 50 Scheffel Winterung und 10750 Pfd. Stroh.

b. Wenn jedes Stück Vieh, es sey Milch- oder Mastvieh, täglich 128 Pfd. grüne Wicken erhält, so können 120 Stück 14 bis 16 Tage lang auf dem Stall in Ueberfluß ernähret werden.

c. Es sind 100,000 Pfund Wickenheu von 50 Morgen geerntet, und wenn dasselbe nicht für das aufzuziehende Jungvieh, oder zur bessern Fütterung des übrigen vorhandenen Hofviehes, verwendet wird, so können, wenn das Stück täglich 40 Pfd. Wickenheu erhält, 6 Monate lang 20 St. Mastvieh damit gemästet werden.

d. Ein wichtiger Vortheil ist der Düngergewinn von dem erhaltenen Wickenkompost, vom erbaueten Strohplus und zu verfütternden Wikkenheu.

Drittes Jahr.

Düngerbestand.

Wickenkompost, von den im vorigen Jahr auf dem Stalle verfütterten grünen Wicken, für . . . . 150 Morgen

Strohmist, von 10750 Pfd. mehr erbauetem und in letzterem Winter verfütterten und gestreueten Winterstroh, welches mit Heu zusammen konsumirt, eine Düngermasse bringt, deren Quantität durch Multiplikation mit $2\frac{3}{10}$ zu finden ist, giebt 24000 Pfd. Dünger, das Fuder zu 2000 Pfd. und auf den Morgen 9 Fuder, reicht für . . . . $1\frac{3}{9}$ „

Heumist, 100000 Pfd. Wikkenheu von 50 Morgen Land in letzterm Winter verfüttert, durch Multiplikation der genannten Summe mit $2\frac{3}{10}$ die Quantität

des

des davon gewonnenen Düngers gefunden, giebt eine Bedüngung für . . . . 12 1/9 Morgen.

Hofmist, der jährlich nach dem alten Wirthschaftsetat producirt wurde, und 1/5 der ganzen Akkerfläche bedüngte hinreichend zu . 100 "

Düngerbestand 264 1/9 Morgen.

Schlag 6. und Schlag 4. tragen wie in der vormaligen Dreifelderwirthschaft noch die gewöhnliche Sömmerung, und stehen davon 125 M. in 2ter, 25 Morgen in 6ter und 100 Morgen in 4ter Tracht.

Schlag 3. wird auf die bereits beschriebene Art mit Wicken bestellt, und mit dem im vorigen Jahre durch die Sommerstallfütterung gesammelten Wickenkompost überdüngt. Diese Wicken werden ebenfalls zur Sommerstallfütterung verwendet, und davon wiederum für das künftige Jahr Düngekompost bereitet.

Schlag 2. wird ebenfalls durchaus mit Wikken besäet. Hundert Morgen werden mit Hofmist, 14 1/9 Morgen mit dem vom vorjährigen Stroh Plus und Wickenheu producirten Dünger überdüngt, und 36 2/9 Morgen mit Wicken nachgesäet, welchen ihre Bedüngung von dem neuen Kompost der erst verfütterten Wicken gegeben wird. Von diesen 150 Morgen mit Wicken werden 114 Morgen zu Heu gemacht.

Schlag 1. trägt gedüngte Winterung. In der vorigen Wirthschaft waren von diesem Schlage nur 100 Morgen gedüngt, und 50 Morgen standen in 5ter Tracht.

Schlag 5. ebenfalls mit Winterung, die während der vorigen Wirthschaft, zufolge Tabelle III. nicht gedüngt werden konnte, und wovon 50 Morgen in 5ter und 100 Morgen in 3ter Tracht standen. Jetzt sind davon im vorigen Jahre bei ihrer Bestellung 100 Morgen ausgedüngt.

Schlag 6. würde in der vorigen Dreifelderwirthschaft, zufolge der Düngungszustands-Tabelle Nr. III., getragen haben:

	Scheffel.	Pfd. Stroh.
Von 100 Morgen Sömmerung in zweiter Tracht zu 6 Schfl. per Morgen . .	600	—
Von 50 Morgen Sömmerung in vierter Tracht zu 4 Schfl. per Morgen . .	200	—
Ertrag der alten Wirthschaft	800	82073

	Scheffel.	Pfd. Stroh.
Schlag 6. hat dagegen in der neuen Wirthschaft, durch die vorhergegangene 25 Morgen mehr gedüngte Winterung, also von 125 Morgen in zweiter und von 25 Morgen in vierter Tracht getragen, erstere zum sechsten, letztere zum vierten Schfl. per Morgen	850	89591
Also ein Plus von	50	7518
Schlag 1. Winterung bringt in der alten Wirthschaft, zufolge Tabelle III., von 100 M. in erster und 50 Morgen in fünfter Tracht, erstere zum 6ten, letztere zum 4ten Schfl. per Morgen	800	172000
Schlag 1. hat dagegen 150 Morgen durchaus gedüngte Winterung jetzt in der neuen Wirthschaft getragen, macht zu 6 Schfl. per Morgen	900	193500
Also ein Plus von	100	21500

Schlag 5. ebenfalls mit Winterung, bringt in der alten

	Scheffel.	Pfd. Stroh.
Wirthschaft, zufolge Tabelle III., von 50 Morgen in fünfter und 100 Morgen in dritter Tracht, erstere zum 4ten, letztere zum 5ten Schfl. per Morgen . . .	700	150500
Schlag 5. hat dagegen 100 Morgen gedüngte Winterung in erster und 50 Morgen ungedüngte Winterung in fünfter Tracht, in der neuen Wirthschaft, erstere zum 6ten Schfl., letztere zum 5ten Schfl. per Morgen getragen, macht	850	182750
Also ein Plus von	150	32250

Kurze Uebersicht von den durch die neue Wirthschaft in diesem dritten Jahr erhaltenen Vortheilen.

a. Das in diesem Jahre mehr gewonnene Getreide beträgt

	Scheffel.	Pfd. Stroh.
an Winterung	250	53750
an Sömmerung	50	7518
	300	61268

b. Wenn jedes Stück Vieh, es sey Milch- oder Mastvieh, täglich 128 Pfd. grüne Wicken erhält, so können in diesem Jahre 110 Stück 14 bis 16 Wochen lang im Sommer auf dem Stall erhalten werden.

c. Von den in diesem Jahre von $114\frac{1}{9}$ Morgen gewonnenen 228222 Pfd. Wickenheu lassen sich, wofern das zugezogene Jungvieh solches nicht verzehrt, oder dasselbe nicht zur bessern Erhaltung des übrigen Zug- und Nutzviehes verwendet wird, 47 Stück Mastvieh fett machen. In diesem Fall erhält jeder Mastochse 6 Monate hindurch täglich 40 Pfd. Wickenheu.

d. Von Erheblichkeit ist der Vortheil, daß bereits in diesem dritten Jahre die ganze Brache oder $\frac{1}{3}$ der ganzen Ackerfläche, mit Beyhülfe der nachgesäeten $36\frac{8}{9}$ Morgen Wicken, vollkommen durchdüngt ist.

e. Der Dünger in diesem Jahre hat in demselben Verhältniß zugenommen, wie das angegebene Stroh-Plus, und das verfütterte Heu gegen den Ertrag des vorigen Jahres vermehrt war.

Viertes Jahr.

Düngerbestand.

Wickenkompost, von den im vorigen Jahre auf dem Stalle verfütterten grünen Wicken, für . . . . 150 Morgen.

Strohmist, von 61268 Pfd. mehr erbaueten Strohes, welches mit dem Heu zusammen konsumirt eine Düngermasse bringt, deren Quantität durch Multiplikation mit $2\frac{3}{10}$ zu finden ist; dies giebt eine Bedüngung zu 9 Fuder von 2000 Pfd. à Morgen für . $7\frac{7}{9}$ =

Heumist, 228222 Pfd. Wikkenheu im letzten Winter verfüttert, durch Multiplikation der genannten Summe mit $2\frac{3}{10}$ die Quantität des davon gewonnenen Düngers gefunden, giebt eine Bedüngung für . . . . $29\frac{1}{9}$ =

Hofmist, der jährlich nach dem alten Wirthschaftsetat pro=

ducirt wird, und $\frac{1}{9}$ der ganzen Ackerfläche bedüngt, hinreichend zu . . . . . 100 Morgen.

Düngerbestand zu $286\frac{8}{9}$ Morgen.

Schlag 6. wird mit überdüngten Wicken bestellt; diese werden grün auf dem Stalle verfüttert, und davon auf bereits beschriebene Weise zu 150 Morgen Düngekompost gesammlet. Zu der diesjährigen Ueberdüngung wird der vorjährige Düngekompost genommen.

Schlag 4. trägt auch noch in diesem Jahre Wicken. $136\frac{8}{9}$ Morgen davon erhalten den auf 100 Morgen reichenden jährlichen Hofmist, $7\frac{7}{9}$ Morgen, vom vorjährigen Stroh-Plus producirten Dünger, und $29\frac{1}{9}$ durch Verfütterung des Wickenheues gewonnenen Dünger. $13\frac{1}{9}$ Morgen werden auf die bekannte Weise mit nachgesäeten, grün zu verfütternden Wicken bestellt. Die Wicken von $136\frac{8}{9}$ Morgen werden zu Heu gemacht.

Schlag 3. trägt gedüngte Winterung, und wird mit rothem Klee besäet, 9 Pfund auf jeden Morgen. — Im Frühjahr, wenn das Land oben abgetrocknet ist, ehe die junge Saat noch den Boden bedeckt, wird das Winterungsland mit leichten Eggen gut aufgeegget, und hiernach der Klee nach angegebener Quantität eingesäet. Da viele Samenkörner in das Gras des jungen Getreides fallen: so ist es rathsam, die Aecker noch einmal mit der umgekehrten Egge zu überziehen, hierauf aber, wofern das Eggen und Säen früh geschehen wäre, erst dann, wenn der Boden von Thau abgetrocknet ist, eine leichte Walze über den gesäeten Klee laufen zu lassen. — Es scheint gefährlich, die Wintergetreidesaat im ersten Frühjahr, in ihrem schwächsten Zustande, gleich nach Abgang des Winters zu eggen, und man könnte fürchten, daß die Wurzeln der Saaten durch diese Gewaltthat durchaus verletzt werden müßten; allein die allgemeine Erfahrung spricht für den besten Erfolg dieser Operation. Einige Tage nach solchem Eggen und Walzen, scheint alles neue Kraft und Leben zu gewinnen, und die jungen Getreidepflanzen breiten mit sichtbarer Fülle und Ueppigkeit sich undurchdringlicher über die offenen Aecker. Der in dem aufgeritzten Boden in früher Jahreszeit eingesäete Klee findet Schutz wider die austrocknenden Winde; bei zunehmender Wärme gehet derselbe bald hervor, entwächst den Erdflöhen schnell, und bewurzelt und bestocket sich vollkommen bis gegen die Ernte. Aber wenn er nach der Ernte auch noch so hoch hervortriebe, so darf man es in unserm

Klima doch nicht wagen, solchen noch in diesem Herbst zu mähen. Ich habe mich sogar enthalten, denselben im Saatjahr durch das Vieh überweiden zu lassen, um die Spuren der tiefen Viehtritte in dem mürben Boden zu verhüten, worin sich im Herbst und Winter das Regen- und Schneewasser sammelt, das den Wurzeln tödtlich wird. Ich messe es hauptsächlich dieser Schonung bei, immer in den beiden folgenden Jahren ganz vorzüglichen Klee gehabt zu haben. — — In der alten Wirthschaft waren in diesem Schlage nur 100 Morgen neugedüngt, und 50 Morgen standen in vierter Tracht.

Schlag 2. trägt ebenfalls gedüngte Winterung. In der vorigen Wirthschaft waren (zufolge Tabelle II.) davon 50 Morgen in fünfter, und 100 Morgen in dritter Tracht.

Schlag 1. mit Sömmerung, jetzt in zweiter Tracht, in der alten Wirthschaft standen davon 100 Morgen in zweiter, 50 Morgen in sechster Tracht.

Schlag 5. ebenfalls mit Sömmerung. Jetzt stehen davon 100 Morgen in zweiter, 50 Morgen noch in vierter Tracht. In der alten Wirthschaft (zufolge Tabelle II.) standen 50 Morgen in sechster, und 100 Morgen in vierter Tracht.

Schlag 3. mit Winterung, würde in der vorigen Dreifelderwirthschaft, zufolge der Düngungszustands-Tabelle III, getragen haben: von 100 Morgen in erster zum 6ten Scheffel, und 50 Morgen in 5ter Tracht zum 4ten Scheffel p. Morgen:

	Scheffel.	Pfd. Stroh.
	800	172000
Schlag 3. trägt dagegen jetzt in der neuen Wirthschaft durchaus gedüngte Winterung, macht zu 6 Schfl. per Morgen .	900	193500
Also ein Plus von	100	21500
Schlag 2. ebenfalls mit Winterung, bringt in der alten Wirthschaft, zufolge Tabelle III, von 50 Morgen in fünfter Tracht zum 4ten Schfl., und von 100 Morgen in dritter Tracht zum fünften Schfl. per Morgen . . .	700	150500
Schlag 2. trägt dagegen jetzt durchaus gedüngte Winterung, macht zu 6 Schfl. per Morgen	900	193500
Also ein Plus von	200	43000

	Scheffel.	Pfd. Stroh.
Schlag 1. mit Sömmerung, 100 Morgen in der alten Wirthschaft in zweiter Tracht zum 6ten Schfl., und 50 Morgen in 6ter Tracht zum 4ten Schfl. vom Morgen, brachte	800	82073
Schlag 1. nach ganz gedüngter Winterung zu 6 Schfl. per Morgen in zweiter Tracht . . .	900	97110
Also ein Plus von	100	15037
Schlag 5. ebenfalls mit Sömmerung, davon 50 Morgen in sechster, 100 Morgen in vierter Tracht standen, gab in der alten Wirthschaft von ersteren 4 Schfl., von letzteren 5 Schfl. per Morgen, in Summa . .	700	71283
Schlag 5, wovon jetzt 100 Morgen in zweiter und 50 Morgen in vierter Tracht stehen, bringt nun in der neuen Wirthschaft, von ersteren zum 6ten und von letzteren zum 5ten Schfl. per Morgen	850	91715
Also ein Plus von	150	20432

Kurze Uebersicht von den durch die neue Wirthschaft in diesem vierten Jahr erlangten Vortheilen.

a. Das in diesem Jahre mehr gewonnene Getreide beträgt

	Scheffel.	Pfd. Stroh.
an Winterung	300	64500
an Sömmerung	250	35469
	550	99969

b. Von den grün verfütterten Wicken sind im Sommer 14 bis 16 Wochen lang auf dem Stall ernähret 96 Stück Milch- oder Mastvieh, jedes täglich mit 128 Pfd.

c. Von dem auf 136⅝ Morgen in diesem Jahre gewonnenen aus 273777 Pfd. bestehendem Wickenheu kann entweder eine Menge aufgezognes Jungvieh ernährt, oder das vorhandene Zug- und Nutzvieh besser gefüttert, oder 57 Stück Mastvieh 6 Monate lang gemästet, und jedem täglich 40 Pfd. Wickenheu zugetheilt werden.

d. Der Dünger hat sich endlich so weit vermehret, daß im nächsten Jahre der Anfang mit dem Brachfruchtbau wird gemacht werden können.

Fünftes Jahr.

Düngerbestand.

Wickenkompost, von den im vorigen Jahr auf dem Stalle verfütterten grünen Wicken, für . . . . 150 Morgen.

Strohmist, von 99969 Pfd. mehr erbauetem Stroh, welches mit dem Heu konsumiret, eine Düngermasse bringt, deren Quantität durch Multiplikation mit $2\frac{3}{10}$ auszumitteln ist. Die davon gewonnene Düngermenge gefunden, und 9 Fuder von 2000 Pfd. à Morgen gerechnet, giebt eine Bedüngung für . . . . $13\frac{5}{9}$ "

Heumist, von 273777 Pfd. Wickenheu, in letzterm Winter verfüttert, und die davon gewonnene Düngerquantität auf die vorberegte Weise ausgemittelt, giebt eine Bedüngung für . . . . . 35 "

Hofmist, der seine ehemalige Quantität behält, da der durch die neue Wirthschaft producirte Dünger hier vorstehend speciell für sich berechnet worden, zu . . . . 100 Morgen.

Düngerbestand zu 298$\frac{1}{9}$ Morgen.

In diesem Jahre ist, — mit Ausnahme des 2ten Schlages, worin, wie in der Folge, statt der Gerste nach behackten Früchten, jetzt noch Sömmerung steht, — die angenommene Fruchtrotation der neuen Wirthschaft geordnet. Der rothe Klee, ist im letzten Jahre in gedüngtem Lande gesäet; die Erbsen sind bedüngt; die Winterung steht in vollem Dünger, und mit Bestellung von behackten Früchten, kann ebenfalls der Anfang gemacht werden.

Schlag 6. trägt jetzt die gedüngte Winterung. In diesen Schlag wird auf eben die Weise im Frühjahr rother Klee gesäet, wie solches im 4ten Jahr bei Schlag 3. geschehen ist. In der alten Wirthschaft standen in diesem Schlage 50 Morgen in 3ter Tracht, und 100 Morgen waren neugedüngt.

Schlag 4. ebenfalls jetzt mit gedüngter Winterung bestellt, wovon in der alten Wirthschaft

50 Morgen neugedüngt waren, und 100 Morgen in 5ter Tracht standen.

Schlag 3. mit rothem Klee wird anstatt der von jetzt an nicht mehr so häufig gesäeten Wikken im Sommer grün auf dem Stalle verfüttert, und von dem dadurch zu gewinnenden Dünger der Düngekompost auf dieselbe Weise, wie es bei den Wicken geschehen, bereitet. — Dieser Klee wird nur in diesem Sommer benutzt, und im Herbste wird derselbe umgepflügt und mit Winterung bestellt. Er wird gewöhnlich zweimal in seinem vollkommenen Wuchs gemähet, und der darauf folgende 4 bis 6 Zoll hohe Nachwuchs niedergewalzt und untergepflügt, wofern letzteres nicht durch ungünstige Witterung verhindert wird, da der Nachwuchs so spät erfolgen kann, daß die Saatzeit der Winterung verspätet werden könnte, wenn man ihn unabweichlich erwarten wollte. Steht der Klee üppig, und bebrütet derselbe vollkommen seinen unterhabenden Boden, so kann das ihm folgende Wintergetreide einfährig bestellt werden. Wird aber das Land nicht vollkommen bebrütet, oder stehet der Klee dünne, und haben Gräser oder andere Unkräuter den Boden schon zum Theil mit überzogen, so kann das darin folgende Wintergetreide nicht einfährig bestellt, sondern das

Land muß, wo möglich, vorher dreimal gepflügt werden.

Dieser Klee ist in dem dürftigen ehemaligen Dreifelderlande, obschon bei gänzlicher Düngung, gesäet. Ich unterstehe mich nicht, unter diesen Umständen auf ihn mit Sicherheit mehr Vieh bei der Verfütterung in Anschlag zu bringen, als bei den Wicken; das ist auf 150 Morgen 90 Stück circa; obschon in der Folge von 150 Morgen wohlkultivirten Kleelandes über 200 Stück Rindvieh von guter Mittelart gestallfüttert werden können.

Schlag 2. noch nach der alten Wirthschaftsweise mit gewöhnlicher Sömmerung bestellt, steht jedoch jetzt gänzlich in 2ter Tracht, da sonst 100 Morgen in 2ter Tracht und 50 Morgen in 6ter Tracht standen.

Schlag 1, der Brachschlag, wird zum Theil behackte Früchte, zum Theil Wicken zu Grünfutter, zum Theil Wicken zu Heu tragen. Ihn durchaus mit behackten Früchten zu bestellen, würde andern einzelnen Wirthschaftsverhältnissen schädlich werden. So kann z. B. wo der Nachwuchs des ersten Kleeschnitts bei ungünstiger Witterung zu lange zögert, es der Sommerstallfütterung nachtheilig seyn, wenn das grüne Klee-

futter

futter zwischen dem ersten und zweiten Schnitt fehlen sollte; und nur durch die dazwischen tretenden Wicken kann diesem Futtermangel abgeholfen werden. Eben so hört die Grünfütterung mit Klee auf, sobald die Bestellung des Wintergetreides ihren Anfang nimmt; diese kann ebenfalls durch vorräthiges grünes Wickenfutter ergänzt und so lange fortgesetzt werden, bis die Abblattung verschiedener Brachfrüchte an deren Stelle treten kann. Wenn ferner aus dem vervielfältigten Sommer- und Winterfutter und Vermehrung des Strohes auch die Vermehrung des Viehstapels natürlich hervorgehet, so erfordern es die allgemeinen Wirthschaftsverhältnisse, daß wenigstens einiges Heu dem vergrößerten Viehstapel zugelegt werde; obschon hinlängliche behackte Früchte dasselbe größtentheils entbehrlich machen. — — Dies sind einige Gründe, warum der ganze Brachschlag nicht mit behackten Früchten allein zu bestellen, und warum ein verringerter Wickenbau in der Folge beizubehalten ist.

Ich bin der Meinung, daß es nicht der unbedachtsamen Willkühr überlassen werden muß, wie groß die Fläche sey, welche in einer Wirthschaft mit behackten Früchten bestellet werden, oder welche Quantität man jährlich erbauen soll. Da diese behackte Früchte hauptsächlich zu Winterfutter dienen, und in der Regel nur zu der Zeit verfüttert werden, wenn es an grünem Futter fehlt: so muß dieses künstliche Winterfutter mit dem künstlichen Sommerfutter in einem möglichst gleichen Verhältnisse stehen. Es würde nur für wenig Wirthschaften ein gutes Verhältniß zwischen Sommer- und Winterfütterung geben, wenn man da für 200 Stück Vieh behackte Früchte erbauen wollte, wo man nicht mehr als 100 Stück im Sommer ernähren könnte. Passender würde der umgekehrte Fall seyn: denn der Ueberfluß des künstlichen Sommerfutters läßt sich in Heu und Winterung, aber nicht leicht die behackten Früchte in Sommerfutter verwandeln.

Wenn wir in der gegenwärtigen Wirthschaft annehmen, daß das künstliche Sommerfutter etwa für 100 Stück Vieh gegen die vormalige Wirthschaft vermehret ist, wobei die Futterquantität durch günstige Witterung um 30 bis 50 Prozent sich wohl noch vergrößern kann: so müssen wir den Anbau der behackten Früchte auch ungefähr nach diesem Verhältnisse bestimmen. In dieser Hinsicht würde eine Fläche von der Größe der vorhandenen neuen Schläge, jeder zu 150 Morgen, bei gehöriger Kultur wohl für die doppelte

Viehzahl hinreichend, und 100 Morgen für das angenommene Wirthschaftsverhältniß schon überflüßig seyn. Letzteres ist also die größte Landfläche, welche wir hier zum Anbau behackter Früchte bestimmen können, und es bleiben alsdann noch 25 Morgen Land für Wicken zu Grünfutter, und 25 Morgen für Wicken zu Heu auf jedem Schlage übrig.

In dem gegenwärtigen 5ten Jahr des Ueberganges fehlt es noch an hinlänglichem Dünger, um 100 Morgen mit behackten Früchten zu bestellen, da der Grundsatz angenommen ist: solche nie ohne doppelten oder mindestens anderthalbfältigen Dünger zu erbauen; und in der Folge wird es sich näher ergeben, daß dem Bau derselben noch nicht mehr als 50 Morgen in diesem Jahre eingeräumet werden können.

Es ist vorerst noch zu bestimmen, was für Arten von Brachgewächsen den Verhältnissen dieser angehenden Wirthschaft am angemessensten seyn werden?

Ich wähle nur 10 Morgen mit Kartoffeln, weil diese mehr Dünger als alle übrigen Brachfrüchte bedürfen, der ihnen vorjetzt noch nicht gegeben werden kann; — weil zu ihrer Ernte viel Menschen erfordert werden; — und weil ihre Aufbewahrung im Großen innerhalb der Gebäude ohne expresse Einrichtungen an vielen Orten Schwierigkeiten haben möchte, die Aufbewahrung derselben im Freien aber, in Erdhügeln wie in Erdgruben, in mehreren Gegenden wegen der Unsicherheit mißlich ist.

Ich wähle 20 Morgen für die Rotabagen, weil sie das größte Futter-Volumen in der Regel bringen, und ihre große Quantität kohlartiger Blätter schon im Herbste eine trefliche Nahrung für das Vieh geben; — und weil diese Rüben keiner so sorgfältigen Verwahrung gegen den Frost bedürfen, als die mehresten andern Brachgewächse, wenn man nur ihren Anbau nicht verspätet, damit sie vollkommen auswachsen und einen gewissen Grad von Reife erhalten, und wenn man nur sorgt, daß sie sich nicht erhitzen, und die Luft frei durchziehen kann. Werden sie aber spät gepflanzt oder gesäet, so können sie zwar zuweilen unter Begünstigung der Witterung den frühern beinahe an Größe beikommen; allein sie werden weichlicher, und gehen bei dem geringsten widrigen Anlaß in Fäulniß über. In der Voraussetzung, daß ihr Anbau nicht bis in den Juny hinein verspätet wird, ist denselben als einem der ergiebigsten, dauerhaftesten Brachgewächse jetzt eine Fläche von 20 Morgen einzuräumen.

Ich wähle zum Anbau der Möhren vorerst nicht mehr als 5 Morgen, weil die Menschen, welche das erste Jäten besorgen, mit der Manipulation nur durch Praxis bekannt werden müssen, indem in dieser Periode durch deren Unachtsamkeit und Unwissenheit sehr viele Pflanzen verloren gehen, besonders wenn sie nicht in Reihen gesäet sind. Ich habe aber dieses nützliche Gewächs nicht ausschließen dürfen, weil bei gehöriger Kultur ihr Ertrag sehr reichlich ausfällt; weil sie von allen Kreaturen gern genossen werden, und weil 50 bis 60 Pfund täglich ein Arbeitspferd bei hinlänglichem Heu und Häcksel vollkommen in Kraft erhalten, und während der Frühjahrsarbeit durch diese Wurzeln viel Hafer erspareт werden kann.

Für die Pferdebohnen kann man ebenfalls 5 Morgen bestimmen. Sie geben geschroten in Kleinigkeiten eine kräftige Nahrung für das Jungvieh, und eine trefliche Mast für alle andere Arten von Vieh.

10 Morgen mit Pastinaken zu Winter- und Frühjahrsfutter. Sie widerstehen in nördlichen Gegenden in der Erde dem strengen Frost; sie liefern ein starkes Futtervolumen, und werden we-

gen ihrer Ausdauer besonders im Frühjahr für Kühe ein milchvermehrendes, für Pferde ein kräftiges, und für alle Arten von Vieh ein höchstnahrhaftes und mästendes Futter. Läßt man sie im Winter in der Erde stehen, so giebt ihr frühes Kraut mit Stroh zu Häcksel geschnitten das erste grüne Futter, und die dann ausgehobenen Wurzeln sind noch süßer und saftiger als die im Herbste geernteten.

Die Quantität der Kartoffeln, welche im Verhältniß der übrigen Brachfrüchte anzubauen ist, wird in einer angehenden bessern Wirthschaft von den lokalen Räumungen zu ihrer Aufbewahrung im Winter mit abhangen. Auch können noch andere örtliche Gründe es räthlich machen, von einer dieser Gattung Gewächse mehr, und von einer andern minder zu erbauen; daher ist die hier angegebene Morgenzahl von 10 zu Kartoffeln, von 20 zu Rotabagen u. s. w. auf keine Weise als unabweichliche Regel anzusehen.

Der Boden, worauf diese und ähnliche Brachgewächse erbauet werden sollen, muß von Wäßrigkeit und Steinen befreiet und wohl bearbeitet seyn.

Eine Beschreibung über die specielle Kultur dieser Früchte wäre hier überflüssig, da solche bereits ausführlich mitgetheilet ist.

Ich setze voraus, daß in dem Schlage 1. die vorerwähnten fünf Arten von Brachgewächsen, in der neuen Wirthschaft auf 50 Morgen, und für dieses Jahr noch 100 Morgen Wicken in demselben Brachschlage erbauet werden. In dieser Voraussetzung wird der zu 298$\frac{5}{9}$ Morgen vorhandene diesjährige Dünger theils zu diesem Brachschlage, theils zur Ueberdüngung eines Schlages mit Erbsen, folgendergestalt verwendet.

Der Düngerbestand ist für 298$\frac{5}{9}$ Morgen hinreichend; davon erhalten

A. der Brachschlag Nr. 1.

a.	zu 10 Mrg.	mit Kartoffeln, hinlänglichen Dünger zu	15	Mrg.
b.	zu 20 „	mit Rotabagen, hinlänglichen Dünger zu	30	„
c.	zu 5 „	mit Möhren, hinlänglichen Dünger . . .	7$\frac{1}{2}$	„
d.	zu 5 „	mit Pferdebohnen, hinlänglichen Dünger zu	7$\frac{1}{2}$	„
e.	zu 10 „	mit Pastinaken, hinlänglichen Dünger zu . .	15	„
	50 Mrg.	Brachfrüchte	75	Mrg.

f.	zu 50 Mrg.	mit Wicken zu Grünfutter, hinlänglichen Dünger .	50 Mrg.
g.	zu 25 "	mit Wicken zu Heu, hinlänglichen Dünger zu	25 "
			75 Mrg.
h.	zu 25 "	Wicken zu Heu, die nachgesäet und mit Kompost von den erst verfütterten grünen Wicken gedüngt werden.	
	100 Mrg.	Wicken.	

B. der Erbsenschlag Nr. 5, welcher überdüngt wird mit . . 148 "

Düngerverwendung 298 Mrg.

Ich glaube alles Wesentliche geordnet und beschrieben zu haben, was zur Bestellung dieses Brachschlages Nr. 1. erforderlich ist. Wäre der Boden schon in Kultur und Kraft, so wäre, der sichern Stallfütterung willen, folgende Procedur anzurathen.

Man bestimmt, um theils frühes Grünfutter im Frühjahr, theils abwechselndes Futter den gan= Sommer hindurch, bis in den spätesten Herbst, da der Frost eintritt, zu haben, einen Theil des zu grünem Wickenfutter hier ausgesetzten Landes zum Rapsaatbau. Ich verstehe hier unter Rapsaat nicht die Winterrüben, sondern eine andere Pflanze, den Winterraps (Brassica campestris), der von dem Winterrübsen dem äußern Ansehn nach ganz verschieden ist. Die Winterrübsen (Brassica napus), welche man allgemein auch Raps zu nennen pflegt, haben Rübenblätter, und dehnen ihre Blätter weder seitwärts so stark noch oben kronenförmig aus, als der Winterraps. Der Winterraps dagegen hat keine Rüben-, sondern dem Grünkohl höchst ähnliche, große, dicke, krause Blätter, und trägt einen größern und ölreicheren Samen, als die Winterrübsen. Den besten und vollkommensten Winterraps, den ich gesehen habe, bauet man in den wirklichen Seemarschen, an der Nordsee, im Herzogthum Schleswig, im Amte Tundern.

Um solche Rapsaat zur Stallfütterung zu benützen, so säet man dieselbe in zwei ganz verschiedenen Perioden des Jahrs.

a. Zum ersten Grünfutter, wenn noch weder mähbares Gras, noch Klee, noch Lucerne zu haben ist, ist dieser Winterraps mit seinem voluminösen Kraut schon da. Er läßt sich leicht mähen, auch schneiden und abblatten, und treibt seine Stengel und vollen Blätter in kurzem wieder hervor. Dieser für das Frühjahrsfutter erbauete Raps ist aber geneigt, bald seine Blüthenstengel hervorzuschießen, welches man durch Abbrechen und Verfüttern zu verhindern suchen muß, weil sonst die Blätter nur langsam nachwachsen. Man schneidet den gemäheten Raps unter Häcksel, und er verschafft da, wo er auf diese Weise zur Stallfütterung benutzt wird, dem Vieh ein saftreiches Futter, das die Milch vermehrt und die Butter färbt, als ob das Vieh geweidet würde. Durch den baldigen Nachwuchs des Rapses läßt sich diese Fütterung so lange fortsetzen, bis die übrigen gewöhnlichen Futterkräuter in hinlänglicher Quantität heran gewachsen sind.

Zu solchem frühen Grünfutter würden, nach Verhältniß der Viehzahl, hier von demjenigen Lande, das zum Wickenbau bestimmt ist, einige Morgen im Sommer zuvor, gleich nach der Ernte mehrmals nach einander gepflügt und nach dem Pflügen sofort auch klar geegget, vor der letztern Fahre aber gut gedüngt, und nach der dritten Fahre die Rapsaat gesäet und leicht eingeegget werden. Da die Absicht nicht ist, von dieser Saat im nächsten Jahr eine Oelfrucht, sondern nur ein gutes Grünfutter zu ziehen, so wird der Same dick eingesäet, wozu 8 Pfd. für den Morgen auf gutem kräftigen Lande nicht zu viel seyn können. Etliche Morgen Land, in einer nicht kleinen Wirthschaft, lassen sich in kurzer Zeit in gartenmäßigen Stand setzen, und wenn die Rapsaat in reichem Boden nur gegen die Mitte des Augusts noch eingesäet wird, so kann sie noch stark genug werden, um den Winter zu überstehen.

Wenn endlich im nächsten Frühjahr diese Rapsaat zu Grünfutter abgeerntet, und hinlänglich anderes Grünfutter zur fernern Stallfütterung herangewachsen ist, so werden die Strünke gesammelt und nach dem Misthof gefahren, das Land aber einfährig mit Wicken bestellt.

b) Um auch den Raps als wechselndes Grünfutter, sowohl den Sommer hindurch, als spät in den Herbst bis zum Eintritt des Frostes zu benutzen, so würde derselbe nach dreimaligem Pflügen, hier auf etwa fünf Morgen Land in gartenmäßig bearbeitetem Boden, schon gegen die Mitte des Aprils gesäet werden müssen. Der Dünger dazu wird mit der letzten Fahre untergepflügt, und je reicher und kräftiger das Land ist, desto früher und üppiger wächst der Raps hervor. Da diese Pflanze ein zweijähriges Gewächs ist, so tritt dieselbe im ersten Jahre noch nicht in Blüthen, sondern kann den ganzen Sommer hindurch bis in den späten Herbst gemähet, und als abwechselndes Grünfutter mit großem Vortheil verbraucht werden. Bei dem ersten Mähen läßt man unten von dem eigentlichen Stengel einen Theil von etwa 2 bis 2½ Zoll hoch über der Erde stehen, aus dem mehrere neue Stengel hervorsprossen, die alle eine Menge Blätter treiben. Bei dem nachherigen Mähen hingegen werden die Pflanzen nicht so nahe an der Erde, sondern, der Seitensprossen willen, etwa einen Finger lang darüber weggenommen.

Unter unsern, in nördlichen Gegenden gewöhnlich erbaueten, Sommer-Stallfütterungsgewächsen ist dieser Raps zwar das unbekannteste, aber unstreitig das ergiebigste. Ich ließ, der Vergleichung mit Klee willen, um die Mitte des Septembers, bei trockenem Wetter, eine 16füßige □Ruthe Rapsaatfutter abmähen und wiegen. Das Futter von dieser □Ruthe wog 300 Pfund. Recht guter blühender Klee, von einer gleichen Fläche und zu derselben Zeit gewogen, gab 181 Pfund. Nach diesem Maaßstabe gäbe ein Berliner Morgen mit Raps 30375 Pfund, und der Morgen Klee 18326 Pfund Grünfutter auf einen Schnitt.

Dieser im April gesäete Raps kann bis zum Eintritt des Winters drei- bis viermal gemähet werden, und Pferde, Kühe, Schafe, Schweine und Gänse, fressen dies Rapsaatkraut mit weit mehr Begier, als den Klee und andere künstlich erbauete Arten von Grünfutter; — aber der Anbau desselben fordert einen reichdurchdüngten und wohlbearbeiteten Boden.

Ich glaube, mich über die Bestellung des Brachschlages jetzt hinlänglich erklärt zu haben, und habe in der fernern Beschreibung des Ueberganges in diesem Jahre nur noch des letzten Schlages zu erwähnen.

Schlag 5. wird nach dreimaligem Pflügen mit Erbsen bestellt, und gleich den Wicken ebenfalls überdünget, weil die Erfahrung lehret, daß alle Hülsengewächse nach der Ueberdüngung sehr selten mißrathen, und in der Regel ganz vorzüglich gedeihen. — Für die hierauf folgende Winterung ist es besser, Früh- als Spät-Erbsen zu säen, weil die früh gesäete Winterung im Allgemeinen besser geräth, als die spätere.

Schlag 6, mit Winterung, würde jetzt in der vorigen Dreifelderwirthschaft zufolge der Düngungs-Tabelle III. getragen haben, von 100 Morgen in 3ter Tracht zum 5ten Scheffel, und 50 Mor-

	Scheffel.	Pfd. Stroh.
gen in 1ster Tracht zum 6ten Scheffel p. Morgen	800	172000
Schlag 6. trägt daher in diesem Jahre in der neuen Wirthschaft durchaus gedüngte Winterung, macht zu 6 Scheffel per Morgen	900	193500
Also ein Plus von	100	21500
Schlag 4. ebenfalls mit gedüngter Winterung, brachte in der alten Wirthschaft, zufolge Tabelle III, von 50 Morgen in 1ster Tracht zum 6ten Scheffel, und 100 Morgen in 5ter Tracht zum 4ten Scheffel per Morgen .	700	150500
Schlag 4. bringt dagegen in der neuen Wirthschaft von der durchaus gedüngten Winterung 150 Morgen zum 6ten Scheffel per Morgen	900	193500
Also ein Plus von	200	43000

Schlag 2. Sömmerung, gab in der alten Wirthschaft von 100 Morgen in 2ter Tracht zum 6ten Scheffel, und von 50 Morgen in

	Scheffel.	Pfd. Stroh.
6ter Tracht zum 4ten Scheffel per Morgen	800	82073
Schlag 2. nach ganz gedüngter Winterung, jetzt in 2ter Tracht zum 6ten Scheffel vom Morgen	900	97100
Also ein Plus von	100	15037
Schlag 5. mit Erbsen. An dieser Stelle würde in der alten Wirthschaft ebenfalls Sömmerung gestanden haben, und zwar 50 Morgen zur 6ten Tracht zum 4ten Scheffel, und 100 Morgen in 4ter Tracht zum 5ten Scheffel per Morgen	700	71283
Schlag 5. hat dagegen überdüngte Erbsen getragen, die jetzt und in der ganzen Folge nie höher als zum 6ten Scheffel Ertrag vom Morgen gerechnet werden, macht von 150 Morgen	900	258930
	200	187647

In diesem Jahre ist, außer dem Kleeschlage Nr. 3, der zum Unterhalt von nicht mehr als 90 Stück Vieh angenommen ist, noch speciell zu berechnen:

	Kraut und Blätter	Gewächse.
	Pfund	Pfund.
Nr. 1. der Brachschlag, und zwar		
A. 50 Morgen mit behackten Früchten.		
a. 10 Morgen mit Kartoffeln; können bei gehöriger Bedüngung und Bearbeitung, 150 bis 200 Schfl. vom Morgen geben. Ich nehme sie hier und in der Folge, bei jährlich steigender Düngervermehrung, nach Abzug der Einlage zu 100 Schfl. vom Morgen an, beträgt den Schfl. zu 100 Pfd., von 10 Morgen .	—	100000
b. 20 Morgen mit Rotabagen. — Ich habe mir die Mühe gegeben, mehrere Jahre beinah alle Arten von Brachfrüchten, auf dem Boden, wo sie gewachsen waren, auf das genaueste im Großen selbst zu wiegen,		
Latus .	—	100000

	Kraut und Blätter.	Gewächse.
	Pfund.	Pfund.
Transport .	—	100000
gen, um endlich über deren Durchschnitts-Ertrag etwas Zuverlässiges zu erhalten. Wenn ich jenes Landmaaß auf den hier angenommenen Berliner Morgen reducire, so wachsen dem Gewicht nach auf jedem Morgen an Rotabagen 19800 Pfd. Blätter, und 25200 Pfd. Rüben: auf 20 Morgen an Blättern . . . 396000 Pfd. aus 20 Morgen an Rüben . 504000 " Blätter u. Rüben 919000 Pfd.	396000	504000
c. 5 Morgen mit **Möhren** geben in Reihen gesäet und mit den angegebenen Ackergeräthen bearbeitet, vom Morgen an Kraut 14844, und an Wurzeln 34846 Pfd:		
Latus .	396000	604000

	Kraut und Blätter.	Gewächse.
	Pfund.	Pfund.
Transport .	396000	604000
auf 5 M. an Kraut 74420 Pfd. auf 5 Morgen an Wurzeln 174230 =	74420	174230
Kraut u. Wurzeln 248650 Pfd		
d. 5 Morgen mit Pferdebohnen geben in Reihen gesäet, nach des Herrn Staatsraths Thaer Durchschnittsangabe, — da ich selbst den Betrag dieser Frucht nur einmal gewogen, und also nicht im Stande bin, einen Durchschnitt davon anzugeben, — vom Morgen 10 Schfl. Bohnen à 103 Pfd., oder 1030 Pfd., und an Stroh 700 Pfd.:		
auf 5 M. an Stroh 3500 Pfd. auf 5 Mrg. an gedroschnen Bohnen . . . . . 5150 =	3500	5150
8650 Pfd		
Latus .	473920	783380

	Kraut und Blätter.	Gewächse.
	Pfund.	Pfund.
Transport	473920	783380
Es scheint zwar zweckwidrig, die trocknen, an nahrhaften Substanzen so reichen Pferdebohnen mit den übrigen so viel Wässrigkeit enthaltenden Brachfrüchten, hier in eine Kategorie zu setzen; allein sie gehören zu dem Ertrage dieses mit Brachgewächsen bestellten Schlages, und ihre Verfütterung im Ganzen oder im geschrotenen Zustande ersetzet die mindere Qualität der übrigen Brachfrüchte, die zwar in hohem Grade voluminös, aber gegen die Pferdebohnen in einem weit geringern Grade nahrhaft sind.		
e. 10 Morgen mit Pastinaken geben in jährlichem Durchschnitt vom Morgen an		
Latus .	473920	783880

	Kraut und Blätter.	Gewächse.
	Pfund.	Pfund.
Transport	473920	783380
Kraut, 16520 und an Wurzeln 36650 Pfd.: auf 10 M. an Kraut 165200 Pfd. auf 10 Morgen an Wurzein . . 366500 = Kraut u. Wurzeln 531700 Pfd.	165200	366500
Summa	639120	1149880
	1789000	

Es werden also erbauet auf funfzig Morgen Land, — eine Million, siebenmal hundert und neun und achtzig tausend Pfund Futter an Brachgewächsen.

Auf 1 Morgen wächst also an Futter von Brachgewächsen . . . 35780 Pfd.

Auf 1 Morgen wächst Kleeheu von einem Schnitt . . . . 2000 =

Auf 1 Morgen wächst Stroh von gedrilltem Weizen, zu Mögelin

in meiner Gegenwart gedroschen und gewogen	2066 Pfd.
Auf 1 Morgen wächst Stroh von gedüngtem Wintergetreide auf Mittelboden in gewöhnlichen Dreifelderwirthschaften . .	1290 „

Höchst natürlich muß jetzt die Frage entstehen: was kostet dem Landwirthe jene Masse von 1789000 Pfd. Futter, worunter 1149880 Pfd. von allem Kraut und Blättern befreiete Gartengewächse sind?

Die unter Nr. IV. beigefügte Tabelle enthält die mancherlei Arbeiten, nebst der Menschen und Pferdezahl, auf 1 Morgen für jedes der hier erbaueten verschiedenen Gewächse, einzeln reducirt. Die Resultate über die Kosten ihrer Erbauung sind folgende.

Wenn man die Unkosten der Erbauung und Ernte bis zur Aufbewahrung in das Winterlager, von 1 Morgen mit Kartoffeln, von 1 Morgen Rotabagen, und eben so von Möhren, Pferdebohnen und Pastinaken, überhaupt von 5 Morgen zusammenzieht, und davon den Durchschnitt nimmt, so werden zunächst erfordert an männlichen Arbeitstagen, auf jeden Morgen 3⅘, — an weiblichen und an halberwachsenen $13\frac{7}{20}$, — und Pferden $5\frac{3}{5}$ Stück.

Den männlichen Arbeitstag zu 8 Gr.; den weiblichen wie den für Halberwachsene zu 6 Gr.; und jedes Pferd jährlich mit 300 Arbeitstagen, — exclusive des dazu nöthigen Menschen, — zu 100 Rthlr., den Tag also zu 8 Gr. gerechnet, kosten die genannten Brachfrüchte im Durchschnitt von jedem Morgen 6 Rthlr. 12 Gr.

Wenn nach obiger Specifikation vom Morgen im Durchschnitt an Blättern, Kraut und Gewächsen, oder überhaupt an Futter geerntet, 35,780 Pfund, so kosten 1000 Pfund Futter 4 Gr. 4 Pf., — 100 Pfund $5\frac{1}{5}$ Pf.

Rechnen wir aber die 12,783 Pfund Krant und Blätter, welche von jedem Morgen erhalten werden, gar nicht, sondern geben sie obenein; so bleiben 22,997 Pfund reine von Kraut und Blättern befreiete Gewächse übrig. Im Durchschnitt kosten also 1000 Pfund Kartoffeln, oder Rotabagen, oder Möhren und Pastinaken, oder gedroschene Pferdebohnen, 6 Gr. 8 Pf.; — 100 Pfund also 8 Pf.

6 Monate oder 183 Tage lang von diesen Gewächsen ohne Kraut und Blätter täglich für 8 Pf. oder 100 Pfund einem Stücke Vieh verfüttert,

kostet das Futter in einem halben Jahre 5 Rthlr. 2 Gr. Für Milchvieh aber ist diese Fütterung bei weitem zu stark; die Milch nimmt ab, und das Futter schlägt auf Fett und Fleisch. Der größte pohlnische Ochse, bei 100 Pfund täglich von diesen Gewächsen, erhält davon in 6 Monaten die allerhöchste Mastung. Aber schwerlich ist in Deutschland ein Ochse bei solcher Futterquantität je 6 Monate lang gemästet worden. 3 Monate schon sind hinreichend, ihm bei diesem Futter einen hohen Grad von Mastung zu geben.

Blätter und Kraut ungerechnet, sind jene auf 50 Morgen erbauete Brachgewächse, deren reines Gewicht 1149880 Pfund beträgt, — wenn jedes Stück Vieh das Winterhalbejahr hindurch, oder 183 Tage, täglich 60 Pfund erhält, — hinreichend 104 Stück Rindvieh zu ernähren.

Da die einzelnen Berechnungen über den Ertrag der Brachfrüchte, und die darauf verwendeten Kosten in Deutschland nicht häufig sind, so hielt ich mich verpflichtet, vorstehende nähere Uebersicht hier mitzutheilen. Ich habe, wie bereits erwähnet, — fast alle Arten von Brachgewächsen mehrere Jahre auf den Feldern im Großen selbst gewogen, und die hier angegebenen Summen sind die Durchschnittsquantitäten vom Ertrage in fruchtbaren und minderfruchtbaren Jahren.

Vielleicht möchte man aber dagegen bemerken, daß der Ertrag solcher Fruchtwechselwirthschaften, die ihre Rotation bereits einmal gemacht haben, von dem der Dreifelderwirthschaften sehr verschieden seyn könne, die eben in die vollkommenere Wirthschaften überzugehen, noch begriffen sind, und wo vielleicht auf den vormals verarmt gewesenen und sonst in neunjähriger Düngung gestandenen Feldern, zum erstenmal mit dem Brachtruchtbau begonnen wird. Ich trage daher einiges Bedenken, jenen angeführten Ertrag, der zwar nicht in Absicht des Bodens, aber doch in Absicht des Kulturzustandes desselben, bessern Ursprungs seyn kann, gegenwärtig zum Grunde zu legen, und will hier lieber denjenigen angeben, welchen der Hr. Staatsrath Thaer für solchen noch nicht in bester Kraft stehenden Boden anzunehmen pflegt. Nach solchem bringt

a. 1 Mrg. mit Kartoffeln bestellt, 10000 Pfd.; — 10 Morgen also . . . . 100000 Pfd.

b. 1 Morgen mit Rotabagen, das Kraut gar nicht gerechnet, 20000 Pfd.; — 20 Mrg. mit Rotabagen also . . . 400000 „

c. 1 Morgen mit Möhren, das Kraut ungerechnet, 18000 Pfd.; — 5 Morgen mit Möhren also . . . . . 90000 Pfd.

d. 1 Morgen mit Pferdebohnen an ausgedroschenen Bohnen 10 Schfl., den Schfl. zu 103 Pfd., beträgt 1030 Pfd. und 700 Pfd. Bohnenstroh vom Morgen, macht von 5 Morgen an Bohnen . . 5150 „

e. 1 Mrg. mit Pastinaken, das Kraut ungerechnet, 18000 Pfd.; — 10 Morgen mit Pastinaken also . . . . . 180000 „

Summa 775150 Pfd.

Für jedes Stück Vieh täglich 60 Pfd. von vorstehenden Brachfrüchten, sind die genannten 775150 Pfd. das Winterhalbejahr hindurch, oder 183 Tage für 71 Stück Rindvieh hinreichend.

Ich kann diese Materie von den Brachfrüchten nicht beschließen, ohne etwas über die Meinungen hinzu zu fügen, welche man von dem Düngergewinn heget, der sich durch Verfütterung derselben erwarten läßt. Es ist wahr, daß ihr hoher Ertrag oft alle Glaubwürdigkeit übersteigt, und wenn sie ihr Gewicht an Dünger wieder gäben, so würden die von einem Morgen gewonnenen Brachfrüchte oft hinreichend seyn, 2 bis 3 Morgen davon wieder zu bedüngen. Aber wenn man auch annähme, daß ein Stück Vieh den vierten Theil der ganzen Quantität Brachfrüchte, die es verzehrt, durch Ausdünstung und anderweite gasartige Zersetzung konsumirt, so sollte man doch annehmen dürfen, daß man wenigstens auf drei Viertheile des Gewichts der verfütterten Brachfrüchte, an flüssigen und konsistenteren Düngtheilen mit Zuverlässigkeit rechnen könnte. Wenn ich also von einem mit Rotabagen bestellten Morgen Land, 19800 Pfd. Kraut, und 25200 Rüben, überhaupt 45000 Pfd. ernte, so würde man durch Verfütterung derselben, wenn auch nicht alle 45000 Pfd., doch wenigstens drei Viertheile davon, das ist, 33750 Pfd. theils an Urin, theils an konsistenteren Düngtheilen wieder erwarten dürfen, die durch das Gewicht des Streumaterials, wenn solches z. B. 5000 Pfd. betrüge, doch über 38750 Pfd. streubaren Dünger geben müßten. Wäre also von erwähnten einem Morgen Land, nach Abrechnung des Streumaterials, 33750 Pfd. Dünger, durch das Verfüttern zu produciren, so betrüge dies vom Morgen über 16 Fuder Dünger, jedes zu 2000 Pfd., und also so viel, als zur starken Bedüngung eines andern zum Brachfruchtbau bestimmten Morgen Landes nöthig wird.

Es sind noch zu wenig oder eigentlich gar keine genaue und im Großen angestellte Versuche bekannt, die es entschieden hätten: auf wie viel aus den dem Gewichte nach verfütterten Brachfrüchten, auch dem Gewicht oder kubischen Gehalt nach, mit Zuverlässigkeit an Dünger zu rechnen ist? Arthur Young in seiner Reise durch England sagt: „mäßig gerechnet, giebt 1 Acker Möhren oder Kartoffeln bei der Verfütterung, wenn man gehörig einstreuet, für 2 Acker Düngung."

Die Meinung des Herrn Staatraths Thaer über den Dünger, welchen die Brachfrüchte durch Verfütterung, in Verhältniß des auf ihre Produktion verwendeten Düngers wiedergeben, ist ungefähr folgende. — Derselbe nimmt z. B. bei den Kartoffeln an: daß diese von dem auf sie verwendeten Dünger nur 30 Prozent konsumiren. — Zehn Fuder oder 20000 Pfd. Dünger, jedes Fuder zu 10 Grad Produktionskraft gerechnet, geben 100 Schfl. oder 10000 Pfd. Kartoffeln, und aus diesen erfolgt durch Verfütterung und bei Einstreuung des Kartoffelkrauts 10000 Pfd. Dünger. Dagegen rechnet der Herr Staatsrath Thaer den Vortheil, welcher bei dieser Gelegenheit durch die vielfältige Bearbeitung dem Boden zu Theil wird, den Kartoffeln zu Gute, die durch solche Bearbeitung die Produktionskraft des Bodens um 10 Prozent vermehren. Wenn nun die Kartoffeln von dem zu ihrer Erbauung verwendeten Dünger 30 Prozent konsumirten, und sie dagegen durch die erfolgte Bearbeitung die Kraft des Bodens um 10 Prozent vermehrten, so beträgt die auszehrende Kraft der Kartoffeln nur 20 Prozent. Also haben die Kartoffeln von den vorangeführten auf sie verwendeten 10 Fuder Dünger nur 2 Fuder konsumirt; aber freilich auch eben so viel Prozent von der vorher im Boden vorhanden gewesenen natürlichen Kraft, die nothwendig mit in Anschlag kommen muß. Denn auf kraftreichem Boden kann ich nach 5 Fuder Mist mehr ernten, wie auf armem nach 10 Fudern. — — Die genauere Berechnung hierüber ist folgende:

Der Hr. Staatsrath Thaer legt einem Boden z. B. eine natürliche Produktionskraft bei, von . . . . 40 Grad.

Hiezu kommen 10 Fuder Dünger à 2000 Pfd., jedes zu

10 Grad Produktionskraft gerechnet . . . . 100 Grad

140 „

Durch Bearbeitung des Bodens gewann das Land an Produktionskraft 10, beträgt die ganze Kraft . . . . 150 „

Die Kartoffeln sogen von den 140 Grade Produktionskraft haltenden Boden, inklusive der durch Arbeit vermehrten Kraft, also von 150 Prozent aus, 30 Prozent macht 45, bleiben . . 105 „

Die Produktionskraft 140 gab 93$\frac{1}{3}$ Scheffel, welche wogen 9333 Pfd., und bringen mit dem Kraut eben so viel Dünger, das ist 4$\frac{1}{3}$ Fuder à 2000 Pfd. — Ein Fuder giebt 10 Kraft, also 43$\frac{1}{3}$ „

× 105 „

148$\frac{1}{3}$ „

Die Wirthschaft hat also, mit Zurechnung des neuen Düngers von 4$\frac{1}{3}$ Fuder, durch Kartoffelbau an Kraft gewonnen . 8$\frac{1}{3}$ Grad.

Denn die natürliche Kraft des
Bodens war 40, des Düngers 100.

Manchem Leser wird diese Berechnung ohne nähere Erläuterung nicht vollkommen faßlich seyn; aber in dem von dem Hrn. Staatsrath Thaer nächst heraus zu gebenden Werk, über den rationellen Ackerbau, wird jeder diese wichtige Lehre von der Berechnung des Düngers, vollständig auseinander gesetzt finden.

Um hier die Düngerquantität, welche wir im Ganzen von den Brachfrüchten erwarten können, einigermaßen im allgemeinen zu bestimmen; so nehme ich an: daß diese hier in genannter Proportion erbaueten fünf verschiedenen Arten von Brachfrüchten im Gemenge verfüttert, und der davon fallende Dünger ohne Streu gesammelt, — wenn diesen Gewächsen auf 1 Morgen 9 Fuder Dünger, das Fuder zu 2000 Pfd., gegeben war, — $4\frac{1}{2}$ Fuder, — und wenn die behackten Früchte das Doppelte, das ist 18 Fuder an Dünger auf 1 Morgen erhielten, — 9 Fuder Dünger wiedergeben. Das Streustroh, so wie das Stroh, welches mit den Brachfrüchten zugleich verfüttert wird, muß natürlich diese angenommene Düngerquantität vermehren, und kann sie auf das Doppelte bringen. Da aber der bessern Uebersicht willen in der Folge, der von mehr erbauetem Stroh zu gewinnende Dünger für sich besonders berechnet wird, und da ich hier lieber eine zu niedrige als zu hohe Düngerproduktion aus den verfütterten Brachfrüchten zum Grunde legen will, so habe ich solchen Brachfruchtdünger in der Folge auch nicht höher als vorbestimmt in Rechnung bringen wollen.

Außer den beschriebenen Brachfrüchten auf 50 Morgen Land, trug

Schlag 1. — B — noch auf 100 Morgen Wicken, und zwar 75 Morgen mit gewöhnlich überdüngten Wicken, und 25 Morgen mit nachgesäeten Wicken, die mit Kompost von den erstverfütterten Wicken überdüngt worden. — Von dieser Landfläche von 100 Morgen sind:

a. im Sommer 50 Morgen zu Grünfutter bestimmt gewesen, und ernährten das Stück zu 128 Pfd. Futter täglich, 14 bis 16 Wochen lang 30 Stück Vieh.

b. Von 100 Morgen wurden die Wicken zu Heu gemacht, welche 100000 Pfd. Heu gaben, das im Winter zu Mastvieh verwendet, 6 Monate lang, täglich das Stück zu 40 Pfd. Heu gerechnet, Unterhalt giebt für . . . 20 Stück Mastvieh.

Kurze Uebersicht von den durch die neue Wirthschaft in diesem fünften Jahr erlangten Vortheilen.

a. Das in diesem Jahre mehr gewonnene Getreide beträgt

	Scheffel.	Pfd. Stroh.
an Winterung	300	64500
an Sömmerung	100	15037
an Erbsen	200	187647
	600	267184

b. Von Klee und Wicken mit Grünfutter auf dem Stall im Sommer unterhalten 120 St. Vieh.

c. Von Brachfrüchten und Wickenheu im Winter ernährt . . . . 71 Stück Vieh.

d. Die Vermehrung des Düngers ist im Anfange des künftigen Jahres zu sehen.

Sechstes Jahr.

Düngerbestand.

Wickenkompost. Von den im vorigen Jahre auf dem Stalle verfütterten grünen Wicken, für . . . . 25 Morgen.

Kleekompost. Von dem im vorigen Jahre auf dem Stalle verfütterten Klee, für . . . . 150 „

Heumist. Von 100000 Pfund Wickenheu des vorigen Jahres im letzten Winter verfüttert; die davon zu erhaltende Dünger-Quantität, durch Multiplikation der Heusumme mit $2\frac{3}{10}$ gefunden, und 9 Fuder à 2000 Pfund auf 1 Morgen gerechnet, giebt Bedüngung für . . $12\frac{7}{9}$ „

Strohmist, von 267187 Pfund mehr erbaueten Strohes, welches mit dem Heu consumirt eine Düngermasse bringt, deren Quantität durch Multiplikation mit $2\frac{3}{10}$ auszu-

M

mitteln ist, giebt eine Bedüngung für . . . . 54 7/9 Morgen.

Brachfruchtmist. Zufolge der im fünften Jahre geschehenen Auseinandersetzung geben die Brachfrüchte diesmal nur die Hälfte des Düngers, der auf sie verwendet wurde, also hier für . . . . 25 „

Hofmist, der seine ehemalige jährliche Quantität behält, da der durch die neue Wirthschaft producirte Dünger hier vorstehend speciel für sich berechnet ist, — beträgt . . 100 „

Düngerbestand zu 367 7/9 Morgen.

Düngerverwendung.

Für den 150 Morgen großen Schlag Nr. 4. zum Ueberdüngen der Erbsen, Dünger für . . . . 150 Morgen.

Für den Brachschlag Nr. 2. zu

100 Morgen Brachfrüchte, denen gegeben wird Dünger zu 167 5/9 „

25 Morgen Wicken zu Grünfutter . . . . . . 25 „

25 Morgen Wicken zu Heu . 25 „

307 5/9 Morgen.

Schlag 6. trägt rothen Klee, der im Sommer auf dem Stalle verfüttert, und der davon fallende Dünger zu Kompost bereitet wird.

Schlag 2. der diesjährige Brachschlag wird bedüngt, wie bereits vorangegeben, und bestellt

20	Morgen mit	Kartoffeln.
40	" "	Rotabagen.
10	" "	Möhren.
10	" "	Pferdebohnen.
20	" "	Pastinaken.
25	" "	Wicken zu Grünfutter.
25	" "	Wicken zu Heu.
150		

Ueber die Bestellung des Brachschlages habe ich nichts hinzu zu setzen, da alles dahin gehörige im vorhergehenden ausführlich beschrieben ist.

Schlag 4. wird mit Erbsen bestellt und überdüngt.

Schlag 1. trägt Gerste. Das vorjährige Brachland, worin diese Gerste gesäet wird, erhält im Herbste bereits eine Fahre, und im Frühjahr bei der Saatbestellung die andere. Nebst der Gerste wird jezt und in der Folge jederzeit im Gerstenschlage auch rother Klee gesäet.

Ueber die Bestellung dieses Schlages bemerke ich folgendes: Man ist auf Mittelboden, wenn auch sehr viel Unkrautgesäme aus alten Zeiten her noch im Lande vorhanden wäre, doch sicher kein Unkraut in dieser Gerste hervorgehen zu sehen, und zugleich den Klee einem reinen Boden zu übergeben, wenn man die vorletzte Fahre eben egget, dann die Gerste darauf säet, und dieselbe mit der letzten Fahre unterpflüget; hierauf den Boden gar nicht egget, sondern das Land so lange ungeegget rauh liegen läßt, bis einige Spitzen der keimenden Gerste aus der Erde hervorsprossen. Nun erst wird dem Lande mit einer enggezahnten leichten Egge ein einziger Zahn gegeben; hierüber der Klee gesäet, hiernach derselbe mit eben der Egge einmal überzogen, und zuletzt gewalzet. Durch diese Behandlung allein bleiben Gerste und Klee in jedem Jahre von Unkraut befreiet.

Den allgemeinsten und unzweideutigsten Erfahrungen zufolge sind wohlgedüngte behackte Gewächse und gedüngte Hülsenfrüchte die besten Vorfrüchte, nach welchen die Gerste ihre höchste Vollkommenheit erreicht, und den größten Ertrag giebt. Je besser die Bedüngung und Auflockerung der behackten Gewächse, und je dicker die brütende Decke war, welche von diesen oder den Hülsenfrüchten über den Boden verbreitet wurde, desto üppiger wächst die Gerste, und um so reicher wird ihr Ertrag. Der 16te Scheffel nach behackten Früchten ist eine gewöhnliche Ernte von solcher Gerste.

Schlag 3. trägt jetzt gedüngte Winterung, und Schlag 5. trägt ebenfalls gedüngte Winterung.

Schlag 6. der rothe Klee, ernährt 14 bis 16 Wochen lang auf dem Stalle durch die Verfütterung desselben 75 Stück Vieh.

Schlag 2. der Brachschlag bringt, da wir hier, ungeachtet der doppelten Bedüngung der Brachfrüchte, immer den vom Hrn. Staatsrath Thaer für noch schwach geachteten Kulturstand der Felder annehmen:

a)	von 20	Morgen	mit Kartoffeln	200000	Pfd.
b)	= 40	=	= Rotabagen	800000	=
c)	= 10	=	= Möhren	180000	=
d)	= 10	=	= Pferdebohnen	10300	=
e)	= 20	=	= Pastinaken	360000	=
	Brachgewächse ohne Kraut und Blätter		. . .	1550300	=

Es würde dem beabsichtigten Zweck zuwider seyn, in dieser Beschreibung auch eine ganz specielle Anleitung zu geben, wie viel und an was für Arten von Vieh diese Brachfrüchte zu verfüttern wären. Um jedoch einige Berechnung hier zum

Grunde legen zu können, reducire ich alles nur auf Futter für Milchvieh. Bei 60 Pfund Brachfrüchten täglich, geben Kühe, wenn sie nicht altmilchend sind, viel Milch. Da es übrigens gegenwärtig auf keine Weise mehr an Dünger fehlen kann, so ist der Zeitpunkt da, auch die Einführung der totalen Stallfütterung zu berücksichtigen. 5 Morgen wohl verarbeitetes, stark gedüngtes Land zu Winterraps, der gleich nach der Ernte in die Rockenstoppel des 6ten Schlages an der Stelle gesäet wird, die im nächsten Brachjahr den Wicken zugedacht ist, können mit Hülfe der Pastinaken, vom ersten Frühjahr an, das Grünfutter bis Juny-Monat verschaffen, wornach dieses Rapsland noch mit Wicken bestellet werden muß. Und 5 andere Morgen, den Kartoffeln und Bohnen entzogen, wohl bearbeitet, stark gedüngt, und gegen die Mitte des Aprils ebenfalls mit Raps besäet, giebt eine große Quantität Grünfutter, das zwischen dem Klee und den Wicken abwechselnd gegeben, und besonders im späten Herbst ausdauern kann, bis der Frost alle Vegetation unterbricht.

Ich nehme jetzt an, daß das Vieh nun bis zum letzten Mai mit Brachfrüchten, worunter ich für die letzten anderthalb Monate nur die Pastinaken verstehe, gefüttert werde; dies beträgt vom 1sten

November bis letzten Mai 7 Monate oder 212 Tage, und in dieser Voraussetzung können, das Stück Vieh täglich zu 60 Pfd. gerechnet, von den in diesem Jahre geernteten 1550300 Pfd. Brachfrüchten ernähret werden . . 121 Stück Vieh.

Außer der genannten Viehzahl mit Brachfrüchten gefüttert, ernährt dieser Brachschlag noch von 25 Morgen im Sommer grün auf dem Stall verfütterter Wicken. . . . . . 15 Stück Vieh.

Und endlich geben die ebenfalls noch auf demselben Brachschlage gestandenen, zu Heu gemachten 25 Morgen Wicken, d. i. von 50000 Pfd. täglich à 40 Pfd. das Stück 6 Monate lang, Futter für . . . . 10 Mastochsen.

	Scheffel.	Pfd. Stroh.
Schlag 4. hätte in der alten Wirthschaft getragen: Sömmerung, und zwar 100 Morgen in 4ter Tracht zum 5ten, und 50 Morgen in 2ter Tracht zum 6ten Scheffel, macht:	800	82073
Schlag 4. trägt gegenwärtig Erbsen überdüngt, und wird jetzt und immer nur zum 6ten Scheffel gerechnet, bringt von 150 Mrg.	900	258930
Also ein Plus von	100	176857

Schlag 5. Die Sömmerungsernte. Statt dieses Schlages,

	Scheffel.	Pfd. Stroh.
wäre in der alten Wirthschaft gewesen: von 50 Morgen in 2ter Tracht zum 6ten Scheffel, und 100 Morgen in 6ter Tracht zum 4ten Scheffel vom Morgen, . . .	700	71283
Schlag 5. trägt dagegen jetzt Gerste nach wohlgedüngten behackten Früchten und überdüngten grün gemäheten Wicken, und bringt nicht unter den 10ten Scheffel, .	1500	271875
Also ein Plus von	800	170592
Schlag 3. gedüngte Winterung. Die Winterung in der Dreifelderwirthschaft hätte in diesem Jahre gestanden: auf 100 Morgen in 3ter Tracht zum 5ten Scheffel, und 50 Morgen in 1ster Tracht zum 6ten Scheffel — macht in Summa	800	172000
Schlag 3. trägt dagegen jetzt ganz gedüngte Winterung zum 6ten Scheffel vom Morgen, das ist .	900	193500
Also ein Plus von	100	21500

Schlag 5. ebenfalls mit gedüngter Winterung, die in der

	Scheffel.	Pfd. Stroh.
Dreifelderwirthschaft v. 50 Morgen in 1ster Tracht zum 6ten Scheffel, und von 100 Morgen in 5ter Tracht zum 4ten Scheffel gegeben hätte:	700	150500
Schlag 5. trägt jetzt nach ganz gedüngter Winterung zum 6ten Scheffel vom Morgen . .	900	193500
Also ein Plus von	200	43000

Kurze Uebersicht von den durch die neue Wirthschaft in diesem sechsten Jahr erlangten Vortheilen.

a) Das in diesem Jahre mehr gewonnene Getreide beträgt:

	Scheffel.	Pfd Stroh.
an Winterung.	300	64500
an Erbsen	106	176857
an Gerste	800	170592
	1200	411949

b) Von Klee und Wicken im Sommer auf dem Stall unterhalten . . 105 Stück Vieh.

c) Von Brachfrüchten und Wickenheu im Winter ernährt . . . . 131 Stück Vieh.

d) Die Vermehrung des Düngers ist im Anfange des folgenden Jahres zu sehen.

Siebentes Jahr.

Düngerbestand.

Wickenkompost. Von den im vorigen Jahr auf dem Stalle verfütterten grünen Wicken, für 25 Morgen.

Kleekompost. Von dem im vorigen Jahre auf dem Stalle verfütterten Klee, für . . . . . 150 =

Heumist. Von 50000 Pfund Wickenheu des vorigen Jahres im letzten Winter verfüttert; die davon zu erhaltende Düngerquantität durch Multiplikation mit $2\frac{3}{10}$ gefunden, und 9 Fuder à 2000 Pfund auf einen Morgen gerechnet, giebt Bedüngung für . . . . $6\frac{7}{9}$ =

Strohmist von 411949 Pfund mehr erbauetem Strohe, welches, mit dem Heu konsumiret, eine Düngermasse bringt, deren Quantität durch Multiplikation mit $2\frac{3}{10}$ auszumitteln ist, giebt eine Bedüngung für . . . . $52\frac{5}{9}$ =

Brachfruchtmist. Zufolge der im 5ten Jahre geschehenen Auseinandersetzung, geben die Brachfrüchte von 100 Morgen nur . .	50 Morgen.
Hofmist, der seine ehemalige jährliche Quantität behält, da der durch die neue Wirthschaft producirte Dünger hier vorstehend speciel für sich berechnet ist, — beträgt .	100 „
Düngerbestand	$393\frac{8}{9}$ Morgen.

Düngerverwendung.

Für den Schlag Nr. 3. zum Ueberdüngen der Erbsen, Dünger für	150 Morgen.
Für den Brachschlag Nr. 5.	
100 Morgen Brachfrüchte, denen wird gegeben Dünger zu	$193\frac{8}{9}$ „
25 Morgen Wicken zu Grünfutter	25 „
25 Morgen Wicken zu Heu . .	25 „
	$393\frac{8}{9}$ Morgen.

Da über die Bestellung der einzelnen Schläge nichts Veränderetes in der Folge zu sagen ist, und da die ganze Wirthschaft den einmal genommenen Gang fortgehet: so werde ich von jetzt an nichts mehr als vier Jahre hindurch die jährliche Vermehrung des Getreides, des Strohes und des Düngers bemerken. Der Klee-, Wicken- und Brachfruchtbau, so wie die Viehzahl, welche im Sommer wie im Winter damit ernähret wird, bleiben dieselben, wie sie im letzten Jahre angegeben sind.

Mehr erbauetes Getreide.

Schlag 3. Die Sömmerungsernte von diesem Schlage in der alten Wirthschaft wäre in diesem Jahre gewesen: von 100 Mrg. in 4ter Tracht zum 5ten, und von 50 Morgen in 2ter Tracht zum 6ten Scheffel

	Scheffel.	Pfd. Stroh.
.	800	82073
Schlag 3. trägt jetzt überdüngte Erbsen zum 6ten Scheffel à Morgen	900	258930
Also ein Plus von	100	176857

Schlag 2: der andere Sömmerungsschlag, dessen Ernte in diesem Jahr bestanden hätte: von 50 Morgen in 2ter Tracht zum 6ten, und von 100 Morgen

	Scheffel.	Pfd. Stroh.
in 6ter Tracht zum 4ten Scheffel, aus	700	71283
Schlag 2. trägt jetzt Gerste nach behackten Früchten zum 10ten Scheffel, nachdem das Land in 4 Jahren zweimal gedüngt worden, und nur eine Halmfrucht getragen, ...	1500	271875
Also ein Plus von	800	170592
Schlag 6. mit Winterung. In der alten Wirthschaft würde die Ernte gegeben haben: von 100 Morgen in 3ter Tracht zum 5ten, und von 50 Morgen in 1ster Tracht zum 6ten Scheffel, . .	800	172000
Schlag 6. trägt jetzt ganz gedüngte Winterung zum 6ten Scheffel	900	193500
Also ein Plus von	100	21500

Schlag 4: der andere Winterungsschlag. Seine Ernte würde in der alten Wirthschaft gewesen seyn: von 50 Morgen in 1ster Tracht zum 6ten, und

	Scheffel.	Pfd Stroh.
100 Morgen in 5ter Tracht zum 4ten Scheffel	700	150500
Schlag 4. ist nun in der neuen Wirthschaft seit 4 Jahren zweimal gedüngt, und hat in dieser Zeit nur eine einzige Halmfrucht getragen; gab sonst in der alten Wirthschaft bei neunjähriger Bedüngung den 6ten Scheffel, und kann jetzt nicht weniger als den 9ten Scheffel bringen, .	1350	290250
Also ein Plus von	650	139750
Es wurde also in diesem Jahr mehr gewonnen:		
an Erbsen	100	176857
an Gerste	800	170592
an Winterung . . .	750	161250
	1650	508699

Achtes Jahr.

Düngerbestand.

Wickenkompost, von auf dem Stalle verfütterten grünen Wicken, für . . . 25 Morgen.

Kleekompost, von dem, gleich den Wicken, im vorigen Jahr auf dem Stalle verfütterten grünen Klee, für . . . . 150 =

Heumist, von 50000 Pfund Wickenheu, das im letztern Winter verfüttert wurde. Die davon zu erhaltende Düngerquantität wird durch Multiplikation der Heusumme mit $2\frac{3}{10}$ gefunden, welches die Bedüngung giebt zu . . . . $6\frac{1}{3}$ =

Strohmist, von 508699 Pfd. mehr erbaueten Strohes; die zu gewinnende Düngerquantität auf die oft beregte Weise ausgemittelt, giebt eine Bedüngung für . . . . 65 =

Brachfruchtmist. Zufolge der im Jahre 5 gegebenen Auseinanderſetzung, geben die Brachfrüchte, wenn der Morgen 18 Fuder Dünger erhalten hat, durch Verfüttern 9 Fuder Dünger wieder, und da ſie im vorigen Jahre die doppelte Düngung erhielten, d. i. 18 Fuder per Morgen, ſo bringen die 100 Morgen mit Brachfrüchten in dieſem Jahre an einfachem Dünger 9 Fuder à Morgen, Bedüngung für . . 100 Morgen.

Hofmiſt, der hier in der Berechnung ſeine ehemalige jährliche Quantität behält, da der durch die neue Wirthſchaft producirte Dünger jederzeit ſpeciell für ſich berechnet iſt, beträgt . . . . 100 "

Düngerbeſtand $446\frac{1}{9}$ Morgen.

Düngerverwendung.

Schlag 6. groß 150 Morgen, mit Erbſen, die überdüngt werden mit . . . 150 Mrg.

Schlag 4. mit Brachfrüchten:
100 Morgen behackte Früchte, denen wird gegeben Dünger zu . $200\frac{2}{9}$ "

25 Mor-

25 Morgen Wicken zu Grünfutter	48	Mrg.
25 Morgen Wicken zu Heu . .	48	"
Düngerverwendung	446⅔	Mrg.

Mehr erbauetes Getreide im achten Jahre.

	Scheffel	Pfd Stroh.
Schlag 6. Die Sömmerungsernte der alten Wirthschaft würde gewesen seyn, von 100 Morgen in vierter Tracht zum 5ten Schfl., von 50 Morgen in zweiter Tracht zum 6ten Schfl., in Summa	800	82073
Schlag 6. trägt jetzt überdüngte Erbsen zu 6 Schfl. per Morgen	900	258939
Also ein Plus von	100	176857
Schlag 3. mit Winterung. Die Ernte der alten Wirthschaft würde in diesem Jahre gewesen seyn, von 100 Morgen in fünfter Tracht zum 4ten, von 50 Morgen in dritter Tracht zum 5ten Schfl. in Summa . . .	800	172000

	Scheffel.	Pfd. Stroh.
Schlag 3. trägt jetzt die Winterung nach überdüngten brütenden Erbsen 6 Schfl.	1050	225750
Also ein Plus von	250	53350
Schlag 1: der andere Winterungsschlag. Seine Ernte würde in der alten Wirthschaft bestanden haben von 50 Morgen in dritter und von 100 Morgen in erster Tracht	700	150500
Schlag 1. trägt jetzt Winterung nach untergepflügtem Klee zum 7ten Schfl.	1050	225750
Also ein Plus von	350	75250
Schlag 5: der andere Sömmerungsschlag, dessen Ernte in der alten Wirthschaft bestanden haben würde von 100 Morgen in 6ter Tracht zum 4ten und von 50 Morgen in zweiter Tracht zum 6ten Schfl., aus	700	71283
Schlag 5. jetzt Gerste, in drei Jahren zweimal gedüngt,		

	Scheffel.	Pfd. Stroh.
und davon nur eine Halmfrucht getragen, giebt nach behackten Früchten mindestens zum 12ten Scheffel	180	290250
Also ein Plus von	1100	218967

Es wurden also in diesem Jahre mehr gewonnen:

an Erbsen	100	176857
an Winterung	600	128500
an Gerste	1100	218967
	1800	5[illegible]4324

Neuntes Jahr.

Düngerbestand.

Wickenkompost, von den im letzten Sommer auf dem Stalle verfütterten grünen Wicken, für . . . . 25 Morgen.

Kleekompost, von dem gleich den Wicken verfütterten Klee, für 150 =

Heumist, von 50000 Pfund Wickenheu, das im letztern Winter verfüttert wurde. Nach der oftmals angegebenen Ausmittelung des davon erhaltenen Düngers giebt solcher eine Bedüngung für . . . $6\frac{2}{9}$ =

Strohmist, von 524324 Pfd. mehr erbaueten Strohes, wovon nach der bekannten Ausmittelung des Düngers gewonnen ist, eine Bedüngung für . . . . $66\frac{6}{9}$ =

Brachfruchtmist. Zufolge der im Jahre 5 gegebenen Auseinandersetzung, geben die im vorigen Jahre doppelt gedüngt gewesenen Brachfrüchte Dünger für . . . . . 100 Morgen.

Hofmist, der hier in der Berechnung immer nach seiner ehemaligen Quantität angegeben wird, da der durch die neue Wirthschaft producirte Dünger oben speciell aufgeführt ist, ist hinreichend für . . . 100 „

Düngerbestand 448 Morgen.

Düngerverwendung.

Schlag. 1. mit Erbsen, die überdüngt werden, mit . . . . 150 Morgen.

Schlag 3. mit Brachfrüchten:

100 Morgen mit behackten Früchten erhalten Dünger für . 200 „

25 Morgen mit grünen Wicken zum Verfüttern . . . . 49 „

25 Morgen mit Wicken zu Heu 49 „

Düngerverwendung 448 Morgen.

Mehr erbauetes Getreide im neunten Jahre.

Schlag 4. trägt jetzt Gerste. Dieser Schlag hätte in der alten Wirthschaft an Sömmerung gegeben, von 100 Morgen in 6ter zum 4ten Schef-

	Scheffel.	Pfd Stroh.
fel von 50 Morgen in 4ter Tracht zum 6ten Scheffel	700	71283
Schlag 4 giebt dagegen an Gerste in diesem Jahre nach behackten Früchten, und da das Land in 5 Jahren 3 mal gedüngt worden, nicht unter den 12ten Scheffel	1800	290250
Also ein Plus von	1100	218967
Schlag 1. trägt jetzt Erbsen. In der alten Wirthschaft würde ein Sommerungsschlag gegeben haben von 50 Morgen in 4ter Tracht zum 5ten Scheffel und 100 in 2ter Tracht zum 6ten Scheffel	800	82073
Schlag 1. der dagegen jetzt Erbsen trägt, die übergedüngt sind, und nur zum 6ten Scheffel Ertrag berechnet werden, bringt .	900	258930
Also ein Plus von	100	176857

Schlag 2., jetzt Winterung. In der alten Wirthschaft würde ein Schlag mit Winterung gegeben haben, von 100 Morgen 3ter

	Scheffel.	Pfd. Stroh.
Tracht z. 4ten Scheffel, u. 50 Morgen 3ter Tracht z. 5ten Scheffel	700	150500
Schlag 2. in 6 Jahren zweimal gedüngt, und jetzt nach untergepflügtem Klee zum 7ten Scheffel	1050	225750
Also ein Plus von	350	75250
Schlag 6. ebenfalls mit Winterung, die in der alten Wirthschaft gegeben haben würde, von 50 Morgen in dritter Tracht zum 5ten Schfl., und von 100 Morgen in erster Tracht zum 6ten Schfl.	800	172000
Schlag 6. giebt jetzt nach zweimaliger Düngung in 5 Jahren, und zuletzt nach überdüngten Erbsen den 9ten Schfl. . . .	1350	290250
Also ein Plus	550	118250
Es wurde also in diesem Jahre mehr gewonnen		
an Gerste	1100	218957
an Erbsen	100	176850
an Winterung	900	193500
	2100	589324

Zehntes Jahr.

Düngerbestand.

Wickenkompost, von den im vorigen Jahre grün auf dem Stalle verfütterten Wicken, zu . . . . 25 Morgen.

Kleekompost von dem im vorigen Jahre grün auf dem Stalle verfütterten Klee . . . . . . 150 „

Heumist von 50000 Pfd. Wikkenheu des vorigen Jahres, welches im letzten Winter verfüttert ist. Die davon zu erhaltende Düngerquantität, gefunden durch Multikation der Heusumme mit $2\frac{3}{10}$ und 9 Fuder von 2000 Pfund Dünger auf 1 Morgen gerechnet, giebt Bedüngung für . . . . . . $6\frac{1}{9}$ „

Strohmist von 589324 Pfd. mehrerbaueten Strohes, welches mit dem Heu konsumirt, eine Düngermasse bringt, deren Quantität durch

$2\frac{3}{10}$ multiplicirt, auszumitteln ist, giebt Bedüngung für . . . . 75 Morgen.

Brachfruchtmist. Zufolge der im Jahr 6 geschehenen näheren Auseinandersetzung, geben die im vorigen Jahre doppelt gedüngt gewesenen Brachfrüchte, Dünger für 100 "

Hofmist, der seine ehemalige Quantität in dieser Berechnung behält, da der durch die neue Wirthschaft producirte Dünger hier vorstehend speciell für sich berechnet ist, beträgt . . . . 100 "

Düngerbestand $456\frac{2}{3}$ Morgen.

Düngerverwendung.

Schlag 2, zu Erbsen bestimmt, der Dünger erhält, für . . . 150 "

Schlag 6, zu Brachfrüchten, nämlich:

100 Morgen mit behackten Früchten erhalten Dünger für $206\frac{2}{3}$ "

25 Morgen mit Wicken zu Grünfutter . . . . . . 50 "

25 Morgen mit Wicken zu Heu, 50 "

Düngerverwendung $456\frac{2}{3}$ Morgen.

Mehr erbauetes Getreide im zehnten Jahre.

	Scheffel.	Pfd. Stroh.
Schlag 3. trägt Gerste. In der alten Wirthschaft hätte ein Sömmerungsschlag getragen, auf 100 Morgen in 6ter Tracht zum 4ten, und 50 Morgen in 4ter Tracht zum 5ten Scheffel vom Morgen	700	71283
Schlag 3. trägt jetzt Gerste nach behackten Früchten, deren Land in 7 Jahren drei Bedüngungen erhalten, wovon die letztere doppelt gegeben war, über 12 Scheffel vom Morgen, aber hier nur noch zum 12ten gerechnet, ...	1800	290250
Also ein Plus von	1100	218967
Schlag 2. trägt Erbsen. Der zweite Sömmerungsschlag würde in der alten Wirthschaft gegeben haben, von 50 Morgen in 4ter Tracht zum 5ten, und von 100 Morgen in 2ter Tracht zum 6ten Scheffel, ...	800	82073
Schlag 2. trägt jetzt an Erbsen, die überdüngt sind, und		

	Scheffel.	Pfd. Stroh.
hier zum 6ten Scheffel Ertrag vom Scheffel gerechnet werden,	900	258930
Also ein Plus von	100	176857
Schlag 5. mit Winterung, die in der alten Wirthschaft gegeben hätte: von 100 Morgen in 5ter Tracht zum 4ten Scheffel, und von 50 Morg. in 3ter Tracht zum 5ten Scheffel, ...	700	150500
Schlag 5, der dagegen in der neuen Wirthschaft in 5 Jahren zwei Düngungen erhalten, giebt jetzt nach untergepflügtem Klee den 9ten Scheffel vom Morgen, ...	1350	290250
Also ein Plus von	650	139750
Schlag 1, der andere Winterungsschlag, hätte in der alten Wirthschaft gegeben, von 50 Morgen in 3ter Tracht zum 5ten, und von 100 Morgen in 1ster Tracht zum 6ten Scheffel, ...	800	172000

Schlag 1, der dagegen in der neuen Wirthschaft in 5 Jahren zwei Düngungen, wovon die

	Scheffel.	Pfd. Stroh.
eine doppelt gewesen, erhalten, und dem gedüngte Erbsen unmittelbar vorgehen, giebt jetzt den 9ten Scheffel Winterung, . .	1350	290250
Also ein Plus von	550	118250

Es wurde also in diesem Jahre mehr Getreide gewonnen:

an Gerste	1100	218967
an Erbsen	100	176857
an Winterung	1200	258000
	2400	653824

Diese jährlich mehr gewonnenen 2400 Scheffel Getreide, die in wenig Jahren bis auf 3000 Scheffel oder bis zum ganzen Kornertrag der alten Wirthschaft steigen werden, sind ein reiner Gewinn, der durch die neue Wirthschaft erworben ist. Gegenwärtig producirt die neue Wirthschaft für mehr denn 100 Stück Vieh reichliches Sommer- und Winterfutter, und zwar in so überflüssiger Quantität, daß selbst das aus der alten Wirthschaft vorhandene Vieh davon noch reichlich gesättiget werden kann.

Es ist wohl nicht zu hoch gerechnet, wenn ich von einer guten Kuh, die im Sommer täglich mit 128 Pfund Klee oder Wicken, und 7 Wintermonate hindurch täglich mit 60 Pfund Kartoffeln und Rotabagen, oder Möhren, Pastinaken und gedroschenen Bohnen gefüttert wird, die reine Einnahme zu 20 Rthlr. jährlich annehme. Wenigstens bringt eine gewöhnliche Kuh auf mittelmäßiger Koppelweide, und im Winter bei Stroh und mäßigem Heu, — schon mehr, wenn das Pfund Butter mit 8 ßl. oder 5 Gr. preußisches Courant bezahlt wird. Dies vorausgesetzt würde die oberflächige Ertrags-Berechnung folgende seyn.

Wenn zufolge der Arbeitsberechnung Nr. IV. die Ausgaben für Bestellung und Ernte von einem Morgen mit Brachfrüchten, inclusive der Einbringung ins Winterlager, 6 Rthlr. 12 Gr. betragen, so kosten 100 Morgen . . . 650 Rthlr.

Nehmen wir, obschon die Kosten des Brachfruchtbaues hier bereits aufgeführt sind, und der Ertrag von den Kühen zu 20 Rthlr. das Stück als rein berechnet ist, noch zu andern der neuen Wirthschaft willen vorfallenden Ausgaben wegen etlicher mehr zu haltenden Menschen, Pferde, u. dgl.

noch eine bestimmte Summe zu Nebenausgaben an, so wird selbige doch nie sich höher belaufen können, als jährlich zu . . . . 800 Rthlr.

Die Ausgaben sind also	1450 Rthlr.
Hundert in Ueberfluß ernährte Holländerkühe, das Stück zu 20 Rthlr. reine Einnahme jährlich, bringen .	2000 „
2400 Schfl. Rocken, Erbsen und Gerste, worunter die Hälfte Winterung, im Durchschnitt den Scheffel zu 1½ Rthlr. Courant gerechnet, geben	3600 „
Die Einnahme beträgt	5600 Rthlr.
davon ab die Ausgabe	1450 „
bleibt reiner Behalt	4150 Rthlr.

Wir haben gesehen, daß diese neue Fruchtwechselwirthschaft von 900 Morgen Land, — ohne die Einkünfte der vormaligen Dreifelderwirthschaft zu schmälern, — einen reinen überschießenden Gewinn von 4150 Rthlrn. hervorgebracht hat. Für den einsichtsvollen praktischen Landwirth, kann diese hier gegebene detaillirte Beschreibung des Ueberganges aus gewöhnlichen Dreifelderwirthschaften in diese bessere von Seiten der nicht schwierigen Ausführbarkeit, so wie in Hinsicht der damit verknüpften Vortheile, faßlich und überzeugend gewesen seyn. Aber es giebt noch gewisse andere landwirthschaftliche Verhältnisse, die jener vollkommenen Ueberzeugungen ungeachtet doch der Ausführung manche Hindernisse in den Weg legen, und einen gefaßten Entschluß da wankend machen können, wo man sich gezwungen siehet, einigen Vortheilen zu entsagen, die unter einzelnen Umständen freilich von Wichtigkeit, aber auch in den mehresten Fällen nur sehr scheinbar seyn mögen.

„Wie kann man da die Einführung dieser „beschriebenen, oder einer andern bessern

„Wirthschaft unternehmen, wo jede unbe-
„deutende wie jede wichtige Arbeit, vom
„ersten Herbstpflügen an, die nächste Saat
„und Ernte hindurch, bis zum Ausdrusch
„des letzten Getreidebundes allein durch
„Hofdienste verrichtet wird?"

Es kann einzelne Gegenden geben, wo der Menschenmangel so groß ist, daß es unmöglich wird, die Bestellung ansehnlicher Felder und bedeutender Ernten auf irgend eine Weise durch hinlängliche freie Menschen bestritten zu sehen, und wo man seine Hofdienste, — sie mögen noch so schlecht seyn, — beibehalten muß, wenn man sich der gewissen Gefahr nicht aussetzen will, die Felder wo nicht alle, doch dem größten Theile nach wüste liegen zu lassen *).

Ehe man in diesem Fall, durch Ansiedelung einer hinlänglichen Anzahl kleiner Leute oder Tagelöhner, welche eine Fruchtwechselwirthschaft in Ueberfluß

*) Nur unter solchen und keinen andern Verhältnissen, habe ich in den Aufsätzen, welche im Oktober-Stuck der Annalen des Ackerbaues 1808 sich finden, vom Hofdienste geredet, und nur aus einem dem ähnlichen Gesichtspunkt bitte ich den Inhalt derselben zu beurtheilen.

Ueberfluß ernähren, und das ganze Jahr hindurch mit Arbeit versorgen kann, sich nicht gesichert hat, wird kein vernünftiger Mann weder die Abschaffung der alten Wirthschaft, noch der Hofdienste unternehmen; und in dieser schwierigen Lage wird man freilich vorerst den vortheilhaftesten Aussichten entsagen, und mit den unbedeutenden Einkünften von einer Landfläche sich begnügen müssen, die den übrigen Verhältnissen und der Qualität des Bodens nach oftmals das Doppelte, ja das Drei- und Vierfache des gegenwärtigen Ertrages durch eine bessere Wirthschaft bringen könnte. Aber in ganz Deutschland möchte es vielleicht nicht möglich seyn, eine bedeutende Zahl für diesen Fall genau passender Wirthschaften mit dergleichen, wegen äußersten Menschenmangels, höchst unentbehrlichen Hofdiensten aufzufinden. Gerade vielmehr in solchen Gegenden, wo die Hofdienste am zahlreichsten sind, und der gemeine Landmann gewöhnlich zugleich höchst dürftig ist, fehlt es auch selten an hinlänglichen Menschen, die gern als Tagelöhner sich ansiedelten, wenn ihnen nur Aussicht eröffnet wird, durch gewisse und ununterbrochene Arbeit ihr Brod verdienen zu können.

Niemand, der einige Erfahrung und Beurtheilung besitzt, kann den unnütz verschwendeten

Kraftaufwand durch elende Ackergeräthe, und den Zeitverlust mit Gleichgültigkeit ansehen, der durch gewöhnliche Hofdienstarbeiten entsteht. Für den Staat, wie für den Eigenthümer solcher Hofdienste ist dieser Nachtheil von Wichtigkeit; aber unmittelbar Verlust bringend ist wohl in der Regel überdies noch, die ausgezeichnete Schlechtheit der Hofdienstarbeit selbst, und höchst selten wird der Fall eintreten, da ein sachverständiger Mann mit solchen durch Hofdienste verrichteten Arbeiten zufrieden zu seyn Ursach hätte.

Bei dem vorbeschriebenen Uebergang in die Fruchtwechselwirthschaft möchte es im allgemeinen wohl unmöglich seyn, sich der Hofdienste zu bedienen. — Das abzumessende, mehr oder minder tiefe Pflügen, welches zwar vollkommen mit einzelnen wohleingerichteten Räderpflügen, aber nie mit einer Masse von oft ganz widersinnig zusammengesetzten Bauerpflügen zu verrichten ist; — die Bestellung der Brachfrüchte, die nothwendige nachherige Bearbeitung derselben mit Schaufel- und Häufelpflügen, so wie die dabei vorfallenden Handarbeiten, durch eine Menge gänzlich unerfahrner, zum Theil sehr unachtsamer, zum Theil sehr schlechter Arbeiter, und bei der erforderlichen Güte mehrerer, nothwendigen, einzelnen Arbeiten überhaupt, würden durch die bekannten Hofdienste, wohl schwerlich jemals zweckmäßig verrichtet werden können.

Für die Bestellung und Bearbeitung der Brachfrüchte sind diese gewöhnlichen Hofdienste durchaus unbrauchbar, und wer nach seinen Lokalverhältnissen sich derselben bisher zur Bearbeitung der reinen Brache bedienet hat, wird, im Fall eines Ueberganges in eine bessere Wirthschaft, doch darauf Verzicht leisten, und die jetzt zu bestellenden Brachfrüchte mit eigenem Gespann und zuverläßigern Leuten bearbeiten lassen müssen, welche auch in Absicht der dadurch verursachten Kosten bereits in dem Ertrags-Ueberschlage mitberechnet sind.

Ich schließe hiemit diese specielle Anleitung zur Umwandlung einer Dreifelderwirthschaft, in eine, nach den Prinzipien des Hrn. Staatsraths Thaer, geordnete Fruchtwechselwirthschaft. Ich glaube diesem Gegenstande nichts Wesentliches mehr hinzufügen zu können, und schmeichle mir, jedem praktischen, vorurtheilslosen Landwirthe verständlich geworden zu seyn.

Ich würde die Grundsätze meines großen Lehrers verleugnen, wenn ich einen für alle und jede Dreifelderwirthschaften passen sollenden und unabänderlichen Uebergangsplan gegenwärtig hätte entwerfen wollen. Meine Absicht war nur, diejenigen praktischen Landwirthe, welche ihre Wirthschaften in bessere umwandeln zu können wünschen, hier mit dem Geist der Sache vertraut zu machen. Vielleicht kann es aber zur Erweiterung der Einsicht dienen, und die genauere Prüfung des Ganzen erleichtern, wenn ich mir erlaube, etliche tabellarische Beispiele von einigen andern ähnlichen Uebergängen in bessere Wirthschaften unter den Nummern V, VI, VII, welche die eingezogenen Weiden in sich begreifen, noch hierbei zu legen. Sie werden für jeden Praktiker ausführbar seyn, der den Geist dieses wichtigen Gegenstandes aufgefaßt, und mit der vorbeschriebenen speciellen Behandlungsweise sich genau bekannt gemacht hat.

Tabelle I. **Ueber**[...]

aus einer in neunjähriger Düngung stehenden Dreifelderwi[...]

Jahre des Uebergangs.	Erstes Feld der Dreifelderwirthschaft. Groß 300 Morgen. Sechster Schlag. Groß 150 Morgen.	Vierter Schlag. Groß 150 Morgen.	Zweit[...] Dritter [...] Groß 150 [...]
1stes Jahr.	**Brache.** 100 Morgen mit jährlichem Hofdünger gedüngt; Wicken darin gesäet und grün verfüttert, um Düngkompost zu gewinnen. Auf 25 Morgen Wicken nachgesäet, und mit Kompost von den erstverfütterten Wicken überdüngt.	Reine unbedüngte Brache, wie in der alten Wirthschaft.	
2tes Jahr.	**Winterung.** Davon gedüngt . . . 125 Morgen. — ungedüngt . . 25 —	Gänzlich ungedüngt, wie in der alten Wirthschaft.	
3tes Jahr.	**Sömmerung.** Davon 125 Morgen in zweiter Tracht.	Wie in der alten Wirthschaft.	**Bra**[...] 150 Morgen mit Wic[...] Wickenkompost von [...] grün verfütterten W[...]
4tes Jahr.	**Brache.** 150 Morgen Wicken, gedüngt mit vorjährigem Wickenkompost.	**Brache.** Ebenfalls mit Wicken. 100 Morgen mit Hofmist. $7\frac{7}{9}$ — Dünger vom Stroh-Plus. $29\frac{1}{9}$ — — — Wickenheu. $13\frac{1}{9}$ — nachgesäete Wicken wie voriges Jahr.	**Winte**[...] Ganz ged[...] In diesem Winterungs[...]gen, wird im Frühj[...]
5tes Jahr.	**Winterung.** Ganz gedüngt. In diesem Schlage wird im Frühjahr rother Klee gesäet.	**Winterung.** Ganz gedüngt.	**Rother** [...] Grün auf dem S[...]
6tes Jahr.	**Rother Klee.** Grün auf dem Stall verfüttert.	**Erbsen,** überdüngt mit vorjährigem Klee- und Wickenkompost.	**Winte**[...]
7tes Jahr.	**Winterung,** nach zweimaliger Düngung in sechs Jahren.	**Winterung,** nach zweimaliger Düngung in drei Jahren.	**Erbse**[...] überdüngt mit [...]
8tes Jahr.	**Erbsen,** überdüngt mit Kleekompost.	100 Mrg. Brach-Früchte mit 200 M. Dünger. 25 — grüne Wicken — 48 — — 25 — Wickenheu — 48 — — 150 Mrg. Land. 296 M. Dünger.	**Winter**[...] nach zweimaliger D[...] Jahre[...]
9tes Jahr.	**Winterung,** nach zweimaliger Düngung in fünf Jahren.	**Gerste,** mit eingesäetem rothen Klee, nach dreimaliger Düngung in fünf Jahren.	100 M. Br. Früchte erh[...] 25 — grüne Wicken [...] 25 — Wicken zu Heu [...] 150 M. Land.
10tes Jahr.	100 M. Br. Früchte mit 206 M. Dünger. 25 - Wicken grün — 50 — — 25 — Wicken zu Heu — 30 — — 150 M. Land. 306 M. Dünger.	**Rother Klee.**	**Gers**[...] mit eingesäetem [...] nach dreimaliger Düngu[...]

…chema

…ach Regeln geordnete sechsschlägige Fruchtwechselwirthschaft.

…lderwirthschaft. …n.	Drittes Feld der Dreifelderwirthschaft. Groß 300 Morgen.	
Zweiter Schlag. Groß 150 Morgen.	Erster Schlag. Groß 150 Morgen.	Fünfter Schlag. Groß 150 Morgen.
…irthschaft.	Sömmerung. Wie in der alten Wirthschaft.	
…g. …irthschaft.	Brache. Von den im vorigen Jahr grün verfütterten Wicken ist an Düngkompost gewonnen für . . . . 100 Morgen. Der jährliche Hofmist ist hinreichend für . . . . 100 — Dünger zu 200 Morgen. 100 Morg. Wicken mit Wickenkompost gedüngt. 50 — — — Hofmist gedüngt. 150	Brache. 50 Morgen Wicken mit Hofmist gedüngt. 50 — — nachgesäet und mit Kompost von den erstverfütterten Wicken gedüngt. 100
Brache. Ebenfalls mit Wicken. …Morgen Wicken mit Hofdünger. — — mit Dünger vom vorjährigen Wickenheu. — mit Mist vom vorjähr. Stroh. Plus. — Wicken nachgesäet wie voriges Jahr.	Winterung. Ganz gedüngt.	Winterung. Davon gedüngt — 100 Morgen. — ungedüngt — 50 —
Winterung. Ganz gedüngt.	Sömmerung. In ater Tracht.	Sömmerung. Davon 100 Morgen in ater Tracht.
Sömmerung. In zweiter Tracht.	50 Mrg. Br. Früchte mit Dünger für 75 Mrg. 75 — Wicken — — — 75 — 25 — Wicken nachgesäet. 150 Düng. 150 Von den Wicken sind bestimmt: 50 Morgen zu Grünfutter. 50 — — Heu.	Erbsen, überdüngt mit Dünger zu 148 Morgen, wie aus der Beschreibung erhellet.
…g. Br. Früchte mit Dünger zu 167 Mrg. grüne Wicken mit Düng. zu 25 — Wicken zu Heu — — 25 — …rgen. 217 Düng.	Gerste, mit eingesäetem rothen Klee.	Winterung.
Gerste, mit eingesäetem rothen Klee, …weimaliger Düngung in vier Jahren.	Rother Klee.	100 Morg. Brach-Früchte mit 193 M. Düng. 25 — Wicken zu gr. Futter 25 — — 25 — — — Heu 25 — — 150 Morgen. 243 M. Düng.
Rother Klee. Grün auf dem Stall verfüttert.	Winterung, nach zweimaliger Düngung in sechs Jahren.	Gerste mit eingesäetem Klee, nach zweimaliger Düngung in drei Jahren.
Winterung, …ch zweimaliger Düngung in sechs Jahren.	Erbsen, überdüngt mit Kompost vom Klee.	Rother Klee.
Erbsen, überdüngt mit Kleekompost.	Winterung, nach zweimaliger Düngung in fünf Jahren.	Winterung, nach zweimaliger Düngung in fünf Jahren.

Tabelle II.

Ueberg

aus einer in neunjähriger Düngung stehenden Dreifelderwirthschaft in eine Fruchtwechselwirth
Wicken grün auf dem Stall verfüttert werden, und der davon fallende Dünger in Kom

Jahr der neuen Ordnung.	Erstes Feld der Dreifelderwirthschaft. Groß 300 Morgen.		Zweite
	Zweiter Schlag. 150 Morgen.	Sechster Schlag. 150 Morgen.	Dritter 150 Mo
1stes Jahr.	Brache. Zu 100 Morgen jährlichen Hofdünger zum Wickenbau verwendet, die Wicken grün auf dem Stall verfüttert, und den Dünger durch Streusurrogate in Kompost verwandelt, giebt eine Düngerquantität zu 100 Morgen.	Reine Brache, ungedüngt.	
2tes Jahr.	Winterung. Wie in der alten Wirthschaft.		
3tes Jahr.	Sömmerung. Wie in der alten Wirthschaft.		Bra Der Dünger bestel lichen Hofmist. 100 M. Br. Früchte 50 — Wicken 150 M. Land.
4tes Jahr.	Brache. 100 Morgen Brachfrüchte. 50 — Wicken. Erstere im nächsten Winter, letztere schon im Sommer verfüttert.	Erbsen. Ueberdüngt.	Winte ganz ge mit im Frühjahr einge
5tes Jahr.	Gerste, mit eingesäeten rothen Klee.	Winterung.	Rother

Dieser Uebergang führet zwar zwei Jahre früher zum Zweck, als der im Schema Tabelle I zum Gru
Stall, ist in Absicht des dazu anzuschaffenden Mastviehs, und

Schema

ägen, wobei vorausgesetzt wird, daß in den ersten Jahren sämmtliche auf der Brache erbauete
, um dadurch von Jahr zu Jahr die Düngerquantität im höchsten Grade zu vermehren.

elderwirthschaft. gen.	Drittes Feld der Dreifelderwirthschaft. Groß 300 Morgen.	
Fünfter Schlag. 150 Morgen.	Vierter Schlag. 150 Morgen.	Erster Schlag. 150 Morgen.
g. Wirthschaft.	Sömmerung. Wie in der alten Wirthschaft.	
ng.	Brache. 100 Morgen Wicken, überdüngt mit vorjährigem Wickenkompost. 50 Morgen Wicken, überdüngt mit der Hälfte des jährlichen Hofmistes.	Brache. 50 Morgen Wicken, überdüngt mit der andern Hälfte des jährl. Hofmistes. 50 Morg. können mit Wicken nachgesäet werden, wovon wegen Bedüngung in der Beschreibung das Nähere.
Brache. enkompost und 100 Morgen jähr- gen reichenden Dünger erhalten M. Wicken mit Dünger zu 50 M. — — nachgesäet und gedüngt wie in der Beschreibung zu sehen.	Winterung, ganz gedüngt, mit im Frühjahr eingesäetem rothen Klee.	Winterung, ganz gedüngt.
Winterung. Ganz gedüngt.	Rother Klee. Grün auf dem Stall verfüttert.	Sömmerung. Wie in der alten Wirthschaft.
Erbsen. Ueberdüngt.	Winterung.	100 Morgen Brachfrüchte. 50 — Wicken. Erstere im nächsten Winter, letztere schon im Sommer grün auf dem Stall verfüttert.

r ausführlich beschriebene Uebergang; allein die Verfütterung von 300 Morgen grüner Wicken auf dem
änglichen Stallraums, mancherlei Schwierigkeiten unterworfen

Tabelle III.

Düngungszustand und Körnerertrag

einer gewöhnlichen Dreifelderwirthschaft auf Mittelboden, in neunjährigem Düngerzustande, zur Vergleichung mit dem Düngungszustande und Körnerertrag der nach Tabelle I. beschriebenen Fruchtwechselwirthschaft.

Jahr.	Erstes Feld. 300 Morgen.			Zweites Feld. 300 Morgen.			Drittes Feld. 300 Morgen.		
				Winterung.			Sömmerung.		
Erstes Jahr.	Neue Düngung.	Dünger vor 6 Jahren.	Dünger vor 3 Jahren.	5te Tracht zum 4ten Sfl. von 100 Morgen 400 Schfl.	3te Tracht zum 5ten Sfl. von 100 Morgen 500 Schfl.	1ste Tracht zum 6ten Sfl. von 100 Morgen 600 Schfl.	6te Tracht zum 4ten Sfl. von 100 Morgen 400 Schfl.	4te Tracht zum 5ten Sfl. von 100 Morgen 500 Schfl.	2te Tracht zum 6ten Sfl. von 100 Morgen 600 Schfl.
	Winterung.			Sömmerung.				Brache.	
Zweites Jahr.	1ste Tracht zum 6ten Sfl. von 100 Morgen 600 Schfl.	5te Tracht zum 4ten Sfl. von 100 Morgen 400 Schfl.	3te Tracht zum 5ten Sfl. von 100 Morgen 500 Schfl.	6te Tracht zum 4ten Sfl. von 100 Morgen 400 Schfl.	4te Tracht zum 5ten Sfl. von 100 Morgen 500 Schfl.	2te Tracht zum 6ten Sfl. von 100 Morgen 600 Schfl.	Neue Düngung.	Dünger vor 6 Jahren.	Dünger vor 3 Jahren.
	Sömmerung.				Brache.		Winterung.		
Drittes Jahr.	2te Tracht zum 6ten Sfl. von 100 Morgen 600 Schfl.	6te Tracht zum 4ten Sfl. von 100 Morgen 400 Schfl.	4te Tracht zum 5ten Sfl. von 100 Morgen 500 Schfl.	Neue Düngung.	Dünger vor 6 Jahren.	Dünger vor 3 Jahren.	1ste Tracht zum 6ten Sfl. von 100 Morgen 600 Schfl.	5te Tracht zum 4ten Sfl. von 100 Morgen 400 Schfl.	2te Tracht zum 5ten Sfl. von 100 Morgen 500 Schfl.
		Brache.		Winterung.			Sömmerung.		
Viertes	Dünger	Neue	Dünger	1ste Tracht	5te Tracht	3te Tracht	2te Tracht	6te Tracht	4te Tracht

Fünftes Jahr.	3te Tracht zum 5ten Sfl. von 100 Morgen 500 Schfl.	1ste Tracht zum 6ten Sfl. von 100 Morgen 600 Schfl.	5te Tracht zum 4ten Sfl. von 100 Morgen 400 Schfl.	2te Tracht zum 6ten Sfl. von 100 Morgen 600 Schfl.	6te Tracht zum 4ten Sfl. von 100 Morgen 400 Schfl.	4te Tracht zum 5ten Sfl. von 100 Morgen 500 Schfl.	Düngung vor 3 Jahren.	Neue Düngung.	Dünger vor 6 Jahren.
	Sömmerung.			Brache.			Winterung.		
Sechstes Jahr.	4te Tracht zum 5ten Sfl. von 100 Morgen 500 Schfl.	2te Tracht zum 6ten Sfl. von 100 Morgen 600 Schfl.	6te Tracht zum 4ten Sfl. von 100 Morgen 400 Schfl.	Düngung vor 3 Jahren.	Neue Düngung.	Dünger vor 6 Jahren.	3te Tracht zum 5ten Sfl. von 100 Morgen 500 Schfl.	1ste Tracht zum 6ten Sfl. von 100 Morgen 600 Schfl.	5te Tracht zum 4ten Sfl. von 100 Morgen 400 Schfl.
	Brache.			Winterung.			Sömmerung.		
Siebentes Jahr.	Düngung vor 6 Jahren.	Düngung vor 3 Jahren.	Neue Düngung.	3te Tracht zum 5ten Sfl. von 100 Morgen 500 Schfl.	1ste Tracht zum 6ten Sfl. von 100 Morgen 600 Schfl.	5te Tracht zum 4ten Sfl. von 100 Morgen 400 Schfl.	4te Tracht zum 5ten Sfl. von 100 Morgen 500 Schfl.	2te Tracht zum 6ten Sfl. von 100 Morgen 600 Schfl.	6te Tracht zum 4ten Sfl. von 100 Morgen 400 Schfl.
	Winterung.			Sömmerung.			Brache.		
Achtes Jahr.	5te Tracht zum 4ten Sfl. von 100 Morgen 400 Schfl.	3te Tracht zum 5ten Sfl. von 100 Morgen 500 Schfl.	1ste Tracht zum 6ten Sfl. von 100 Morgen 600 Schfl.	4te Tracht zum 5ten Sfl. von 100 Morgen 500 Schfl.	2te Tracht zum 6ten Sfl. von 100 Morgen 600 Schfl.	6te Tracht zum 4ten Sfl. von 100 Morgen 400 Schfl.	Düngung vor 6 Jahren.	Düngung vor 3 Jahren.	Neue Düngung.
	Sömmerung.			Brache.			Winterung.		
Neuntes Jahr.	6te Tracht zum 4ten Sfl. von 100 Morgen 400 Schfl.	4te Tracht zum 5ten Sfl. von 100 Morgen 500 Schfl.	2te Tracht zum 6ten Sfl. von 100 Morgen 600 Schfl.	Düngung vor 6 Jahren.	Düngung vor 3 Jahren.	Neue Düngung.	5te Tracht zum 4ten Sfl. von 100 Morgen 400 Schfl.	3te Tracht zum 5ten Sfl. von 100 Morgen 500 Schfl.	1ste Tracht zum 6ten Sfl. von 100 Morgen 600 Schfl.

FSC
www.fsc.org
MIX
Papier | Fördert gute Waldnutzung
FSC® C083411

Zeitfracht Medien GmbH
Ferdinand-Jühlke-Straße 7
99095 Erfurt, Deutschland
produktsicherheit@kolibri360.de